George Horace Lorimer

Briefe eines erfolgreichen Kaufmanns an seinen Sohn

George Horace Lorimer

Briefe eines erfolgreichen Kaufmanns an seinen Sohn

Mit einem Vorwort von New York Times Bestseller-Autor Ryan Holiday

FBV

Bibliografische Information der Deutschen Nationalbibliothek
Die Deutsche Nationalbibliothek verzeichnet diese Publikation in der Deutschen Nationalbibliografie. Detaillierte bibliografische Daten sind im Internet über http://dnb.d-nb.de abrufbar.

Für Fragen und Anregungen:
info@finanzbuchverlag.de

1. Auflage 2018

ein Imprint der Münchner Verlagsgruppe GmbH
Nymphenburger Straße 86
D-80636 München
Tel.: 089 651285-0
Fax: 089 652096

Übersetzung: Almut Braun
Redaktion: Anne Horsten
Umschlaggestaltung: Laura Osswald
Umschlagabbildung: Shutterstock/Big Foot Productions, Shutterstock/h Kunal Mehta
Satz: ZeroSoft SRL, Timisoara
Druck: GGP Media GmbH, Pößneck
Printed in Germany

ISBN Print 978-3-95972-112-7
ISBN E-Book (PDF) 978-3-96092-193-6
ISBN E-Book (EPUB, Mobi) 978-3-96092-194-3

Weitere Informationen zum Verlag finden Sie unter

www.finanzbuchverlag.de

Beachten Sie auch unsere weiteren Verlage unter www.m-vg.de.

INHALT

VORWORT

Als ich das erste Mal die Briefe von Old Gorgon Graham las, war ich schier überwältigt. Die Vorstellung, dass ein Vater sich die Zeit nimmt, um seinem privilegierten Sohn im Studentenalter wohldurchdachte, lehrreiche Briefe zu schreiben, füllte ein ziemlich großes Loch in meinem Leben. Ich habe einen guten Draht zu meinem Vater, aber unsere Beziehung ist eher von der Art, dass wir Gespräche über Dinge führen – Politik, Börse oder Urlaubspläne. Wir haben nie ein Gespräch geführt allein um der menschlichen Verbindung willen, noch habe ich eine ausgeprägte Erinnerung an spezifische Ratschläge, die ich von ihm in meiner Jugend erhalten hätte.

Ich habe einmal über einen peinlichen Moment im College geschrieben, als ich jemanden in einem Hotel besuchte. »Kommen Sie ins Zimmer 927«, wurde mir gesagt. Als ich im Hotel eintraf, rief ich an und fragte: »Auf welchem Stockwerk befindet sich Zimmer 927?« Bis dahin war ich nur mit meinen Eltern gereist, und ich war nie auf die Idee gekommen, dass die Zimmernummern in einem Hotel dem jeweiligen Stockwerk entsprechen, auf dem sie sich befinden. Vielleicht hat mich mein Vater irgendwann ausdrücklich darauf hingewiesen und ich habe nicht aufgepasst, aber auf jeden Fall hat er sich nie die Zeit genommen, mir das schriftlich in einem Brief zu erklären.

Ich muss dazu sagen, dass Unaufmerksamkeit eine meiner persönlichen Schwächen ist, so wie es auch eine Schwäche Pierrepont Grahams war. Immerhin dachte ich bei der ersten Lektüre dieses Buches, die Briefe seien echt! Erst nachdem ich das Buch vielen hundert anderen jungen Leuten empfohlen hatte, wies jemand, der sich die Mühe gemacht hatte, etwas genauer hinzusehen als ich, darauf hin, dass das Buch Fiktion ist.

Letztlich spielt es aber keine Rolle, ob die Charaktere echt sind, sondern nur, ob die Ratschläge gut sind. Wie Graham in seinem ersten Brief schreibt: »Du wirst feststellen, dass Bildung so ungefähr das Einzige ist, das offen auf der Straße liegt, und von dem man so viel haben kann, wie man bereit ist, sich anzueignen.« Womöglich habe ich als Jugendlicher meinem Vater nicht genau zugehört und als junger Mann nur die Einführung in Grahams Briefe überflogen, aber ich habe so viele Ratschläge daraus mitgenommen wie möglich.

Ich erinnere mich, dass ich kurz nach der Lektüre von Grahams Briefen eine weitere schmerzliche Lektion lernen musste, die vermeidbar gewesen wäre, wenn ich nur die Briefe aufmerksamer gelesen hätte. Ich befand mich in einer Besprechung mit einer Talentagentur, die mich kurz zuvor zur Nachwuchsführungskraft befördert hatte. Die Partner sprachen gerade über ein wichtiges Projekt. Ich kannte eine der Personen, über die sie sprachen, und so mischte ich mich in das Gespräch ein, und zwar aus keinem anderen Grund, als die Anwesenden dies wissen zu lassen – und ihnen allen möglichen weiteren Unsinn zu erzählen, den ich im Anschluss noch vom Stapel ließ, als ich mit Nervosität bemerkte, dass mich alle anstarrten. Mein Mentor nahm mich hinterher beiseite und sagte, »Ryan, warum hast du das gemacht? Hattest du wirklich etwas zu sagen, oder wolltest du nur um Anerkennung heischen?« Er hatte vollkommen recht und ich fühlte mich hinterher wochenlang wie ein Idiot. Aus reiner Unsicherheit hatte ich die Aufmerkamkeit auf mich gelenkt – und das nicht gerade auf positive Weise.

John Grahams Brief vom 7. Juli 189_ hatte es auf den Punkt gebracht:

»Das Gespräch eines Geschäftsmannes sollte von weniger und einfacheren Regeln bestimmt sein, als jede andere Funktion des menschlichen Wesens. Sie lauten:

Habe etwas zu sagen.

Sage es.

Schweige.«

Der Zweck seiner Briefe, ob sie nun frei erfunden oder echt waren, lautete, seinem Sohn die mühselig erworbenen Lektionen zu vermitteln, die er in seiner rauhen und wechselhaften Laufbahn als Kaufmann erworben hatte. Dabei fällt mir Bismarcks Satz ein, dass Narren aus eigener Erfahrung lernen, weise Menschen es aber vorziehen, aus der Erfahrung anderer zu lernen. Die Wahrheit ist, dass die meisten jungen Menschen üblicherweise eine Mischung aus beidem benötigen.

Das gilt zumindest für mich.

Die folgenden Seiten enthalten eine breite Vielfalt an weisen Erkenntnissen, um jungen Menschen all die Kratzer und blauen Augen zu ersparen, die sie sich unweigerlich holen, wenn sie sich ihren Weg alleine bahnen und dabei Lebenserfahrung sammeln. Wenn sich diese Blessuren dennoch nicht vermeiden lassen, werden sie zumindest zu wertvollen Lektionen für die Zukunft. Im Folgenden finden Sie Ratschläge und Hinweise über den Unterschied zwischen formaler Bildung und Charakterbildung, die Bedeutung von Pünktlichkeit, den Wert des Sparens und Investierens, die Vermeidung von Dünkel und Überheblichkeit, die richtige Einstellung von Mitarbeitern und dazu, wie man selber eine Anstellung findet – und sogar, versteckt zwischen den geschäftlichen Ratschlägen, Tipps, wie man glücklich wird und einen Ehepartner findet. Das ist die Art von Ratschlägen, die einen ein Leben lang begleiten ... wenn Sie es zulassen.

Es hat einen Grund, warum das Buch so erfolgreich – anscheinend wurden bereits im ersten Erscheinungsjahr mehr als 300.000 Exemplare verkauft – und in seiner Originalversion seit mehr als einem Jahrhundert auf dem Markt ist. Von allen Büchern, die ich in den letzten zehn Jahren auf meiner Bücherliste empfohlen habe (ryanholiday.net/reading-list), habe ich zu »Briefe eines erfolgreichen Kaufmanns an seinen Sohn« die meisten E-Mails von neuen Anhängern erhalten. Ob und wie es sich in die deutsche Kultur übertragen lässt, weiß ich nicht, aber für mich versinnbildlicht das Buch die Quintessenz des amerikanischen Traums und die Bedeutung davon, ein zielstrebiger, ehrgeiziger und hart arbeitender Geschäftsmann zu sein.

Es gibt noch weitere Bücher dieses Genres, deren Lektüre ich genossen und die ich weiterempfohlen habe: Rainer Maria Rilkes Briefe an einen jungen Dichter, Lord Chesterfields Briefe an seinen Sohn. Selbst Senecas Epistulae Morales haben einen ähnlich lehrreichen, grundlegenden Tenor. Es gibt sogar mehrere weitere Ausgaben des Briefverkehrs zwischen dem alten Graham und seinem Sohn, darunter »More Letters From A Self Made Merchant To His Son« und »Letters from a Son to His Self Made Father«.

Ob Sie sie alle lesen oder nicht, ich hoffe, Sie nehmen Ihre Bildung und Erziehung in die eigenen Hände und widmen sich der Lektüre in ihrer ganzen Breite und Vielfalt, und nicht nur der Bücher, die Sie gezwungenermaßen in der Schule lesen mussten, oder die auf den einschlägigen Bestsellerlisten stehen. Und achten Sie darauf, dass Sie ständig und unaufhörlich weiterlernen – aus Ereignissen, sowohl aus eigener als auch aus fremder Erfahrung. Denn es ist diese Bildung und Erziehung, die Ihnen keine Schule und keine Universität vermittelt, so lehrte Graham seinen Sohn, die aus Ihnen mehr als einen formal gebildeten Menschen macht – sie formt Ihren Charakter.

Ryan Holiday
Austin, Texas
März, 2018

BRIEF 1

John Graham
von den Union Stock Yards in Chicago
an
seinen Sohn Pierrepont
an der Universität von Harvard, Cambridge,
Massachusetts

Mr. Pierrepont wurde soeben von seiner Mutter als vollwertiges Mitglied des ersten Studienjahres eingeschrieben.

Chicago, 1. Oktober 189_

Lieber Pierrepont,
deine Mutter ist heute Morgen wohlbehalten zurückgekehrt und bittet mich, dir mitzuteilen, dass du darauf achten sollst, nicht zu viel zu studieren. Ich wiederum möchte dir sagen, dass du es beherzigen sollst, nicht zu wenig zu studieren. Der wahre Grund, aus dem wir dich nach Harvard geschickt haben, ist, dass du ein wenig von der Bildung mitbekommen sollst, die dort so gut und reichlich zu haben ist. Sei nicht verschämt, sondern greife beherzt zu und nimm dir immer ein ordentliches Stück Wissen, denn ich möchte, dass du den gebührenden Anteil erhältst. Du wirst feststellen, dass Bildung so ungefähr das

Einzige ist, das offen auf der Straße liegt, und das Einzige ist, von dem man so viel haben kann, wie man bereit ist, sich anzueignen. Alles andere ist knapp und irgendjemand hat es bereits eifersüchtig im Besitz, sodass man nicht herankommt.

Als ich jung war, konnte ich deine Privilegien nicht nutzen, so wie du heute meine nicht genießen kannst. Manche Männer lernen den Wert des Geldes kennen, weil sie keines haben, und beginnen, einige Dollar aus den vielen Millionen aufzuklauben, die auf der Straße liegen. Andere lernen den Wert kennen, indem sie vielleicht ein Gesamtvermögen von fünfzigtausend besitzen und das Geld ausgeben, als stünden ihnen fünfzigtausend pro Jahr zur Verfügung. Einige Männer erfahren, was Wahrheit ist, indem sie Geschäfte mit Lügnern machen und wieder andere, indem sie die Sonntagsschule besuchen. Einige Burschen lernen den Fluch des Whiskys kennen, weil sie einen Trunkenbold als Vater haben; andere, weil sie eine gute Mutter haben. Einige Männer erhalten ihre Ausbildung von anderen Männern, aus Zeitungen und öffentlichen Bibliotheken; andere beziehen sie von Professoren und aus Lehrbüchern.

Wie du lernst, die richtigen Dinge zu beherrschen, spielt keine Rolle – Hauptsache, du erfährst sie und prägst sie dir ein. Die Verpackung ist nur solange interessant, wie sie den Blick des Käufers erhascht; am Ende landet sie auf dem Aschehaufen im Ofen. Sobald das Paket seinen Weg in die Küche und in den Topf findet, kommt es nur auf die Qualität des Inhalts an.

Du kannst Schinken in Trockensalz oder in süßer Marinade pökeln, und wenn er fertig ist, kannst du ihn auf die eine oder andere Weise genießen, vorausgesetzt, der Schinken hatte eine gute Ausgangsqualität. Hatte er das nicht, ist es egal, welches

Pökelverfahren du verwendest – die Schinkenverkoster werden die säuerliche Stelle nahe dem Knochen finden. Und es spielt auch keine Rolle, wie viel Zucker und Marinade du über einen Mann geschüttet hast; wenn er in seinem Kern nicht solide und von guter Qualität ist, ist er wertlos.

Das Erste, das Erziehung einem Mann vermitteln sollte, ist Charakter, und das Zweite ist Bildung. Und hier bin ich gegenüber der akademischen Ausbildung ein wenig skeptisch. Ich will hier nicht anfangen zu predigen, weil ich weiß, dass ein junger Mann mit den richtigen inneren Qualitäten höhere Anforderungen an sich selbst stellt als jeder andere, und dass er oft nur deswegen vom richtigen Pfad abkommt, weil ihm die Dinge auf falsche Weise vermittelt werden.

Ich erinnere mich an die Zeit, als ich selber noch ein Junge war – ich war ein ganz normaler Junge – und sich der alte Doc Hoover in den Kopf gesetzt hatte, ich solle zur Kirche gehen. Fünf Jahre lang schreckte er mich regelrecht davon ab, indem er mich in der Sonntagsschule stets laut und unverblümt fragte, ob ich nicht gerettet werden wolle, und nach jeder Messe lauerte er mir auf, um mit mir zu beten. Natürlich wollte ich gerettet werden, allerdings nicht derart öffentlich.

Wenn ein Junge eine gute Mutter hatte, hat er ein ausgeprägtes Gewissen entwickelt; und wenn er ein ausgeprägtes Gewissen hat, braucht er niemanden, der ihm vorsagt, was richtig und was falsch ist. Nun, da deine Mutter nicht mehr an deiner Seite ist und die Rockzipfel abgeschnitten sind, machst du jede Minute eine neue Erfahrung. Wenn du bei jedem Ausprobieren neuer Versuchungen, die auf den ersten Blick süß und verführerisch wirken, deinen Verstand und dein Gewissen einschaltest und darauf achtest, ob rund um den Knochen irgendwo ein säuerlicher Geruch aufsteigt, dann bist du auf dem richtigen Weg.

Mit ist sehr daran gelegen, dass du ein guter Akademiker wirst, aber noch mehr kommt es mir darauf an, dass du ein guter, reiner Mann bist. Wenn du bei Studienabschluss einen soliden Verstand hast, ist es mir nicht so wichtig, ob dein Latein ein wenig lückenhaft ist. Die akademische Ausbildung besteht aus zwei Teilen: dem Teil, den dir die Professoren im Klassenzimmer vermitteln, und dem Teil, den du draußen von deinen Kameraden lernst. Das ist der wirklich wichtige Abschnitt. Denn der erste Teil macht dich zwar zu einem Akademiker, aber nur der zweite macht aus dir einen Mann.

Bildung hat viel mit Essen gemeinsam: Ein Mann kann nicht immer genau sagen, welche Sache ihm gutgetan hat, aber meist weiß er, welche Sache ihm Bauchschmerzen verursacht hat. Nach einem opulenten Mahl aus Roastbeef, Gemüse, Fleischpastete und Wassermelone kannst du nicht genau bestimmen, welche Stoffe in die Muskeln gehen, aber du musst nicht sehr schlau sein, um zu wissen, welche Zutat dich zu einem Schmerzmittel greifen oder dich am nächsten Morgen erahnen lässt, was dich in der Nacht an einen persönlichen Teufel glauben ließ. Und so wie ein Mann nicht exakt sagen kann, ob es Latein, Algebra, Geschichte oder irgendein anderes solides Wissensgebiet sein wird, das ihn an diesem oder jenem Ort zum Erfolg verhilft, kann er sie sich alle zu Gemüte führen und darauf vertrauen, dass er sich damit nie den Magen verderben wird. Vielmehr ist es der süße Müßiggang, der geeignet ist, ihm Bauchschmerzen zu verusachen. Auf diesem Gebiet sollte er besonders wählerisch sein und besonnen handeln.

Es ist nicht der erste, sondern der zweite Teil der akademischen Ausbildung, den Kaufleute meinen, wenn sie fragen, ob sich ein Studium auszahlt. Es sind die Willies und Berties; die Schoko-Eclair- und die Tuttifrutti-Jungs; die unbekümmerten, feierlustigen Burschen; die Prahlhänse und die stolzierenden Hähne mit dem geschwollenen Kamm; die Donner-und-Doria-Burschen. Es ist der mittelgescheitelte, glimmstengelrauchende Champagner-Charlie, der nachtdurchtanzte Tagschläfer, der sie daran zweifeln lässt, ob die Investitionen in eine akademische Ausbildung ihr Geld wert sind. Und dabei übersehen sie die fleißigen, bodenständigen Jungs, die ihre Ärmel und Hosenbeine aufkrempeln und das Geschäft eines anderen Mannes mit ihrer akademischen Ausbildung auf Vordermann bringen.

Zahlt sich ein Studium aus? Rentiert es sich, Schweinefleischstreifen zu fünf Cent das Pfund in einen Trichter einzufüllen und am anderen Ende schöne, kleine »Land«würste zu zwanzig Cent das Pfund herauszuziehen? Zahlt es sich aus, ein Rind, das frei in der Prärie herumläuft und sich von Kaktusfrüchten und versteinertem Holz ernährt hat, bis es nur noch aus Stacheldraht und Schuhleder besteht, mit Mais zu füttern, bis es sich in einen soliden Brocken Porterhouse-Steak und Margarinefett verwandelt hat? Darauf kannst du wetten. Alles, das einen Burschen darin schult, zu denken, und zwar fix, zahlt sich aus – alles, das ihm beibringt, die Antwort zu finden, bevor ein anderer auf die Lösung kommt, rentiert sich.

Die Universität macht aus Männern keine Narren; sie bringt sie nur zur Geltung. Sie macht Männer nicht zu intelligenten Lebewesen; sie bringt sie nur hervor. Ein Narr wird immer ein Narr bleiben, egal ob er studiert oder nicht, wenngleich er nach dem Studium wahrscheinlich eine andere Sorte Tor sein wird.

Dagegen wird aus einem guten, starken Burschen immer ein intelligenter, starker Mann, ob er von der harten Schule des Lebens gegerbt oder der piekfeinen Akademie der Gelehrten auf Hochglanz poliert wurde. Aber während der Mangel an höherer Bildung den wettergegerbten jungen Mann nicht bremsen kann, kann sie dem akademisch polierten Jungen zu einem erheblichen Erfolgsschub verhelfen.

Das ist einfach der Unterschied zwischen dem rauhen Straßenkampf, in dem sich die Kontrahenten mit Fäusten und Tritten traktieren und ihre Köpfe ineinanderrammen, und der taktischen Cleverness eines trainierten Boxers, der lächelnd den richtigen Moment abwartet, um einen direkten Faustschlag auf den Solarplexus seines Gegners zu landen. Mit beiden Kampfstilen kann man gewinnen, allerdings ist der Mann, der ein wenig wissenschaftlicher kämpft, der Bessere; vorausgesetzt er achtet darauf, dass seine Muskeln immer gestählt bleiben. Wenn nicht, ist er schlecht dran, denn seine unbeholfenen Bewegungen werden seinen Gegner nur dazu reizen, ihn möglichst schnell k. o. zu schlagen.

Einige junge Männer ähneln allerdings eher putzigen Schweinchen – je mehr man sie erzieht, desto amüsantere kleine Armleuchter werden sie und desto lustiger ihre Kapriolen, wenn sie ihre Tricks vorführen. Allerdings ist der richtige Platz für diese Sorte Jungs der Zirkus, nicht die Universität.

Wo wir gerade von gebildeten Paarhufern sprechen, fällt mir automatisch das Beispiel von dem alten Whitaker und seinem Sohn Stanley ein. Vor zehn Jahren kannte ich den alten Herrn sehr gut. Er gehörte zu der Sorte Mann, denen das Geschäft den Horizont verengt statt weitet. Es bereitete ihm keine besondere Freude, aber er machte einfach weiter, weil er nichts anderes anzufangen wusse. Er erzählte mir, er habe sein ganzes Leben lang schuften müssen und wolle, dass Stan es im Leben leichter habe. Also sandte er ihn auf Privatschulen und meldete ihn in Tanzschulen und Universitäten an und schickte ihn schließlich nach Oxford, damit er – wie er es ausdrückte – ein wenig von der »Atmosphäre« mitbekäme. Ich konnte diese Atmosphäre nie richtig greifen, aber soweit ich es erkennen konnte, herrschte die Vorstellung, irgendetwas an der Luft in der Räucherkammer Oxford verleihe einem jungen Mann ein besonders exklusives Raucharoma.

Nun, zu dem Zeitpunkt, als Stan mit seiner Ausbildung fertig war, holte der Sensenmann den alten Herrn, und bei der Aufstellung des Nachlasses stellte sich heraus, dass sein Vermögen nicht ausreichte, um Stan ein wirklich sorgenfreies Leben zu ermöglichen. Ich sprach mit dem jungen Mann darüber, was er nun tun würde, aber irgendwie hatte ich nicht den Eindruck, als habe er das Zeug zu einer Laufbahn in der Industrie, geschweige als Industriekapitän. Also besorgte ich ihm eine Arbeit, die seinen Gaben entsprach. Ich brachte ihn in einer Bank unter. Doch wusste er zwar mehr über die Geschichte des Bankwesens als der Präsident und mehr über die Wirtschaftspolitik als der Aufsichtsrat, aber er war nicht in der Lage, den Unterschied zwischen einer Fünfpfundnote aus der staatlichen Druckerpresse und einer handgemachten Fälschung aus irgendeinem Keller in der Halsted Street zu erkennen.

Anschließend verschaffte ich ihm einen Job bei einer Zeitung. Zwar beherrschte er vier Sprachen und wusste bis ins Detail alles über die Arktis und die Geschichte des Tanzes von Old Adam bis Old Nick, aber er konnte einfach keinen zufriedenstellenden Artikel über den Ice Men's Ball schreiben. Er bewies mithilfe von Trigonometrie und Geometrie, dass zwei und zwei vier ist, aber er war nicht in der Lage, Buchhaltung zu erlernen. Er war dick befreundet mit allen möglichen gefeierten Dichtern, konnte aber keine kurze, prägnante Werbebotschaft für eine Straßenbahnwerbung formulieren. Er kannte Tausende von Krankheiten, die einen Mann in weniger als einem Wimpernschlag dahinraffen, aber er konnte keine Tausend-Dollar-Tontinenversicherung verkaufen. Er wusste so viel über das Leben unserer verschiedenen Präsidenten, als sei er mit ihnen aufgewachsen, aber er konnte nicht eine einzige *Enzyklopädie der Gründungsväter* verkaufen, obwohl sie gegen geringe Ratenzahlungen zu haben waren; was den Kauf so einfach machte, als habe man sich die Bücher von einem Freund ausgeliehen.

Schließlich fand ich die scheinbar passende Tätigkeit für ihn. Ich stellte mir vor, jeder Mann, der ein so reichhaltiges Wissen besäße, sollte in der Lage sein, es zu seinem Vorteil anzuwenden, und so verschaffte ich ihm einen Job als Lehrer. Aber es schien, als habe er so viel über die besten Lehrmethoden gelernt, dass er dem Schuldirektor gleich zu Anfang auf den Kopf zu sagte, was er alles falsch mache, und so verscherzte er sich schon früh die Sympathien. Außerdem wusste er so viel über tote Sprachen, zu deren Vermittlung er eingestellt worden war, dass er darüber vergaß, dass er es mit lebenden Jungen zu tun hatte. Und da es ihm nicht gelang, ihnen sein ganzes Wissen in der regulären Unterrichtszeit zu vermitteln, überzog er ständig seine Stunden, sodass er es sich auch mit seinen Schülern verscherzte. Am Ende verlor er auch diese Arbeit. Das Letzte, was ich von ihm hörte, war, dass er Artikel über das Thema »Warum junge Männer scheitern« schrieb und damit sogar Erfolg hatte, denn Scheitern war das eine Gebiet, auf dem er wirklich ausgiebige praktische Erfahrung besaß.

Ich erwähne Stan nur nebenbei als Beispiel für den Umstand, dass ein umfangreiches Wissen alleine nicht ausreicht, und es manchmal besser ist, weniger Kenntnisse zu besitzen, aber zu wissen, wie man sie richtig einsetzt.

Dein dir zugetaner Vater,
JOHN GRAHAM

BRIEF 2

John Graham
von den Union Stock Yards in Chicago
an
seinen Sohn Pierrepont
an der Universität von Harvard

Mr. Pierreponts Ausgabenaufstellung wurde soeben von seinem Vater inspiziert und von diesem zum Anlass für einige deutliche Worte genommen.

Chicago, 4. Mai 189_

Lieber Pierrepont,
soeben hat mir der Kassierer deine monatliche Ausgabenaufstellung überreicht, und dabei bekommt jeder, der sie überprüfen soll, unweigerlich einen krummen Rücken. Als ich dir sagte, ich wünsche, dass du eine liberale Erziehung erhältst, meinte ich nicht, dass ich Cambridge kaufen wolle. Selbstverständlich werden mich die Rechnungen nicht ruinieren, aber sie werden dich bankrottgehen lassen, wenn du nicht lernst, sehr, sehr sorgfältig auf dein Geld zu achten.

Mir ist aufgefallen, dass deine Ausgaben in den letzten zwei Jahren jeden Monat stetig angewachsen sind, aber ich habe keine Anzeichen dafür entdecken können, dass du dir die Ehre gegeben hättest, deine steigenden Betriebskosten zu rechtfertigen. Und das ist schlechte Geschäftsführung – ungefähr so, als füttere man ein untaugliches Rind mit so viel Mais, wie sein Eigengewicht beträgt, ohne dass das Tier auch nur ein Pfund zulegen würde.

Ich habe bisher dazu geschwiegen, weil ich ein gerüttelt Maß Vertrauen in deinen angeborenen gesunden Menschenverstand habe, dass du dich nicht selber auf eine Weise zum Narren machen würdest, wie einige dieser jungen Männer, die sich ihr Geld nicht selber erarbeiten müssen. Aber nur, weil ich bisher nichts gesagt habe, heißt das nicht, dass du dir in den Kopf setzen solltest, dein alter Herr sei reich und daher könne er es verkraften. Denn das wird nicht der Fall sein, nachdem du die Universität verlassen haben wirst. Je früher du deine Ausgaben deinen Verdienstmöglichkeiten anpasst, desto besser werden Einnahmen und Ausgaben miteinander auskommen.

Der einzig sichere Weg zu schnellem Reichtum ist, diesen zu erben. Du wirst nicht über diesen Weg zu Wohlstand gelangen – zumindest nicht, bis du deine Fähigkeit unter Beweis gestellt hast, eine Position von einiger Bedeutung in der Firma zu halten. Selbstredend gibt es nur einen Platz, von dem aus sich ein Mann in eine solche Position bei Graham & Co. hocharbeiten kann, wobei es keine Rolle spielt, ob er der Sohn des alten Herrn oder des Kellerverwalters ist – und dieser Platz ist ganz unten. Die niedrigste Stelle im Büro dieses Unternehmens ist ein Schreibtisch in der Postbearbeitung mit einer Vergütung von acht Dollar an jedem Samstagabend.

Ich kann dir den Erfolg nicht auf dem Silbertablett servieren. Das täte dir nicht gut, und es wäre nicht förderlich für die

Firma. Hier ist viel Platz an der Spitze, aber es gibt keinen Aufzug dorthin. Wenn man, wie du es tust, mit einer guten Ausbildung beginnt, sollte man in der Lage sein, schneller aufzusteigen als die jungen Männer, die keine gute Bildung genossen haben. Es wird allerdings eine erste Zeit geben, in der du die Briefmarken nicht so schnell anlecken kannst wie die anderen Postburschen. Allerdings ist der Mann, der keine Briefmarken geklebt hat, nicht befähigt, Briefe zu schreiben. Das ist natürlich die Zeit, in der das Wissen, ob ein Hauptgericht vor dem Dessert serviert wird und wie man ein Automobil bedient, von keinem echten Nutzen für dich sein wird.

Ich erwähne das nur, weil ich befürchte, dass deine Vorstellungen über die Ausgangsbasis, von der aus du in dieser Firma starten wirst, im Osten ein wenig gewuchert sind. Zum Einstieg kann ich dir verhelfen, aber danach musst du dir deinen Weg selber bahnen. Es hängt alles von dir ab. Würde man jemandem zum Berufseinstieg ein Talent überreichen, das in eine Serviette eingewickelt ist, würde er das Talent gegen einen Goldbarren eintauschen und die Serviette verlieren. Und dann gibt es andere, die nur mit einer Serviette beginnen und damit ein kleines Geschäft für Kurzwaren aufbauen und anschließend andere dazu überreden, ihr Talent einzubringen.

Ich bin stolz genug zu glauben, dass du die richtigen Eigenschaften in dir trägst, aber ich möchte sehen, wie sie sich entfalten. Du wirst nie einen guten Kaufmann aus dir machen, indem du die richtige Reihenfolge des Vorgehens auf den Kopf stellst, die der Allmächtige in seiner Weisheit verfügt hat – zuerst zu lernen, wie man sein Geld ausgibt, bevor man lernt, Gewinne zu machen.

Für den Verschwender ist der Zahltag immer einen Monat entfernt und er schafft es nie, aus einem Dollar mehr als sechzig Cent herauszuholen. Ein guter Geschäftsmann macht aus einem Dollar dagegen einhundertsechs Cent, und den Dollar wird er nie ganz ausgeben. Derjenige, der viel spart und seine Kosten niedrig hält, wird einmal eine Firmenbeteiligung erwerben. Und sofern deine Ausgabenaufstellungen nicht lügen, wird dir das nicht gelingen. Im Allgemeinen schwindeln sie nicht, auch wenn Baron Münchhausen der erste Handlungsreisende war und man den Rechnungen meiner Vertreter heute noch seinen Einfluss anmerkt.

Ich weiß, dass viele junge Männer, sobald sie von der Leine gelassen sind, glauben, der leichtsinnige Umgang mit Geld mache sie zu famosen Burschen, und ein sparsames Ausgabenverhalten sei Geiz. Das ist eines dieser hintertückischen Dinge der Universitätsausbildung und die eine Sache, die neun von zehn Geschäftsleuten zögern lässt, ihre Söhne auf die Universität zu schicken. Auf der anderen Seite ist dies auch der Ort, an dem ein junger Mann die Chance hat zu beweisen, dass er kein Leichtgewicht ist.

Ich weiß, dass viele Leute behaupten, ich sei ein alter Geizkragen; ich würde aus jedem Schwein, das durch meine Fleischfabrik geht, mehr Speck herausholen, als der Herr ihm an Bruttogewicht verliehen hat. Dass ich die Natur so weit verbessert hätte, dass ich aus einem Tier, das mit zwei Schenkeln auf die Welt gekommen ist, vier heraushole. Aber du hast lange genug mit mir gelebt, um zu wissen, dass ich meist zur rechten Zeit die Hand auf der Tasche halte.

An dieser Stelle möchte ich anmerken, dass der geizigste Mann derjenige ist, der großzügig mit dem Geld umgeht, das er sich nicht selber im Schweiße seines Angesichts erarbeitet hat, und dass derjenige, der sich auf Kosten Dritter als großzügig erweist, nie erste Garnitur sein wird. Der Ehrgeiz, ein »famoser Bursche« zu sein, hat mein Büro mit zweitklassigen Schreiberlingen bevölkert, die nie etwas anderes sein werden als zweitklassige Schreiberlinge. Wenn du diesen Ehrgeiz besitzt, dann halte ihn im Zaum, bis du ein Jahr lang gearbeitet hast. Wenn deine Ambitionen sich dann darin erschöpfen, die ganze Woche zu buckeln, um am Samstagabend für die anderen Burschen ein paar Runden Drinks zu schmeißen, gibt es keine Einwände dagegen. Allerdings werde ich dann wissen, dass der Allmächtige für dich nicht vorgesehen hat, dein eigener Herr zu sein.

Du weißt, wie ich begonnen habe – mit einem Sprung ins kalte Wasser, aber er erwies sich als einer nach oben, und am Ende hat mich jeder weitere Sprung ein wenig höher steigen lassen. Ich verdiente zwei Dollar pro Woche und schlief unter dem Schreibtisch. Und du kannst darauf wetten, dass ich genau wusste, wie viele Pennys ein Dollar hatte, und wie hart der Boden war. Diese Lektion musst du lernen.

Ich erinnere mich daran, als ich auf den Buffalo Spring Lakes war und unser Schoner unter einer Zugbrücke hindurchsegelte, als ich den kleinen Bill Riggs sah, den Metzger, der über mir am Ende der Brücke stand und einen großen Schweinebraten in seinem Korb hatte. Auf dieser Reise war die Verpflegung in der Kombüse ein wenig knapp, also rief ich Bill zu und er warf mir den Braten herunter. Ich fragte ihn nach dem Preis, und er rief zurück: »Einen Dollar.« Das Fleisch war ausgezeichnet, und als wir auf der Rückreise wieder nach Buffalo kamen, dachte ich, dass ich gerne noch mehr davon hätte. Also ging ich zu Bills Metzgerei und bat ihn um einen weiteren Braten. Dieses Mal gab er mir aber nur ein kleines Stück, nicht annähernd so groß wie der erste Braten. Außerdem war das Fleisch ziemlich zäh und sehnig. Und als ich ihn nach dem Preis fragte, antwortete er: »So ungefähr einen Dollar.« Er hatte überhaupt keinen Sinn für Werte, aber das ist der sechste Sinn eines Geschäftsmannes. Bill war immer ein großer, gesunder, hart arbeitender Mann, aber heute ist er sehr, sehr arm.

Die Bills dieser Welt sind nicht nur im Metzgergeschäft zu Hause. Ich habe sogar einige davon in meinem Büro, aber sie werden nie die Hürde überwinden, welche die Mitarbeiter von den Führungskräften trennt. Wenn meine Leute nur die Hälfte der Zeit, in der sie Gründe erwägen, warum es ihnen erlaubt sein sollte, ihr Gehaltskonto zu überziehen, dafür verwendeten, zum Nutzen der Firma zu denken, könnte ich sie nicht einmal mit einer Streitaxt aus unseren Privatbüros heraushalten und es auch gar nicht wollen. Denn sie könnten in einem Jahr ihre Gehälter und meine Gewinne verdoppeln. Aber ich habe mich schon immer an die These gehalten, dass der Mann, der am Monatsende die Sparbüchse seiner Kinder aufbrechen muss, um sich das nötige Fahrgeld zu beschaffen, nicht unternehmerisch mit dem Geld seines alten Herrn umgehen wird. Er würde so viele Löcher in mein Bankkonto reißen, wie eine Horde wilder Texaner einen dummen Viehhirten auseinandernähme, den sie in die Ecke gedrängt haben.

Ich weiß, dass du sagen wirst, ich verstünde nicht, wie es heute zugeht; dass du es den anderen Burschen gleichtun musst; und dass sich die Dinge verändert haben, seit ich ein junger Mann war. Das ist barer Unfug. Adam hat bereits alle unterschiedlichen Wege erfunden, wie ein Junge einen Narren aus sich machen kann, und das Universitätsgekreisch an ihrem Ende ist nur eine weitere Variante, die das Wesentliche in keiner Weise verändert. Der Bursche, der irgendetwas tut, nur weil es alle anderen tun, wird wahrscheinlich sein ganzes Leben ein armer Schlucker bleiben. Das ist der Kerl, der am Tag vor dem Marktzusammenbruch Weizen für siebenundneunzig Cent kauft. In den Marktberichten nennen sie ihn »das Land«, doch die Stadt wimmelt nur so vor Leuten wie ihm. Der Bursche, der den Mumm hat, eigenständig zu denken und zu handeln und leerverkauft, wenn die Preise das hohe C erreichen und das Haus auf den Hinterbeinen steht und nach mehr schreit, ist derjenige, der in den Vorstandskonferenzen sitzt, wenn er auf die vierzig zugeht.

Wir haben einen alten Stier in der Fleischfabrik, der am Fuße des Fließbands steht, das zur Schlachtanlage führt. Er wirkt auf alle wie einer der Dorfväter, die vor dem lokalen Lebensmittelgeschäft auf einer Apfelsinenkiste sitzen – ein irgendwie melancholisch dreinblickender, verträumter alter Trottel – und immer hängen ihm zwei oder drei Strohhalme von seinem wiedergekäuten Futter aus dem Maul. Nie hat man einen Stier gesehen, der so wirkt, als ob ihn nichts wirklich interessiere. Nach und nach treiben die Burschen eine Gruppe Rinder auf ihn zu – Kühe vielleicht, wenn wir Dosenfleisch verarbeiten. Und dann können sie beobachten, wie Old Abe auf das Fließband springt und der nachfolgenden Gruppe mit seinem boshaften alten Stummelschwanz ein Zeichen gibt – ganz so, als gebe es am Ende des Fließbandes irgendetwas Hochinteressantes zu sehen, das jeder ungehobelte Präriebewohner aus Texas und Colorado unbedingt sehen muss, um sich mit einer urbanen Aura zu umgeben. All diese Rinder folgen ihm blind bis in die Schlachtanlage. Aber genau in dem Moment, in dem sie oben ankommen, schafft es Old Abe immer irgendwie, in der Menge unterzugehen und ist nie unter den Tieren, wenn sich die Gitter schließen und es für seine neuen Freunde ernst wird.

Nie habe ich ein Dutzend Burschen zusammen gesehen, unter denen sich nicht ein Old Abe befunden hätte. Wenn du siehst, dass deine Leute ihm folgen, halte dich fern. Es gibt Zeiten, in denen es am sichersten ist, für sich zu bleiben. Nutze deinen gesunden Menschenverstand, sei aufmerksam und besonnen. Wenn du diese drei Standardeigenschaften ausreichend besitzt, kannst du damit einen Laden einrichten. Aber du musst damit beginnen, sie zu entwickeln, solange du jung bist. Wenn du schon ein wenig vom Leben abgehärtet bist, prägen sie sich nicht mehr ein. Du brauchst mir nicht schreiben, wenn du meinst, diese Eigenschaften entwickelt zu haben. Ich werde es an deinen Ausgaben ablesen. Bis bald; das Leben ist zu kurz zum Briefeschreiben und gerade erreicht mich ein Telegramm aus New York.

Dein dir zugetaner Vater,
JOHN GRAHAM

BRIEF 3

John Graham
von den Union Stock Yards in Chicago
an
seinen Sohn Pierrepont
an der Universität von Harvard

Mr. Pierrepont ist mit Cambridge sehr zufrieden und hat vorgeschlagen, einen Postgraduierten-Studiengang zu belegen, um einige Lücken zu füllen, die er in seiner Ausbildung festgestellt hat.

1. Juni 189_

Lieber Pierrepont,
nein, ich kann nicht sagen, dass ich etwas von deiner Idee eines weiterführenden Studiengangs halte. Du wirst kein Dichter oder Professor, sondern Fleischpacker, und der Platz für einen weiterführenden Studiengang in diesem Metier ist die Fleischfabrik. Manche Männer beziehen ihr gesamtes Wissen aus Büchern, andere absolvieren die Schule des Lebens. Beide Wege sind schmalspurig. Der Erste ist reine Theorie, der Zweite reine Praxis. Der Mann, der genug über die Praxis weiß, um seine Theorien auf Lücken zu testen, bringt die Welt ein Stück weiter und erzielt zugleich einen angemessenen Gewinn.

In der Fleischverpackung gibt es für alles, was du gelernt hast, eine Chance – von Latein bis zur Dichtkunst –, auch wenn wir keine große Verwendung für Poesie haben, außer in unseren Straßenbahn-Werbeanzeigen. Und die einzigen Gelegenheiten, bei denen unsere Produkte lateinische Namen erhalten, ist, wenn die staatliche Gesundheitsbehörde sie beschlagnahmt. Daher denke ich, dass du auf weitere schmückende Bildungsangebote verzichten solltest. Wenn du wirklich meinst, nicht ohne dieses Wissen auskommen zu können, wirst du einen Weg finden, es später nach Arbeitsschluss nachzuholen.

Das Wichtigste ist, dass du die Grundlagen erlernst, und deshalb habe ich dich auf die Universität geschickt. Ich habe nicht erwartet, dass du alle verfügbaren Bildungsangebote wahrnimmst; ich wusste, dass du ein wenig für den nächsten Studenten übrig ließest. Ich wollte, dass du gute geistige Gewohnheiten annimmst, so wie ich möchte, dass du gesunde körperliche Gepflogenheiten entwickelst. Weil ich als Junge durch die Dreschmaschine getrieben wurde und erst mit über Dreißig das Stroh aus meinem Haar schütteln konnte, habe ich keinerlei Mitgefühl mit vielen dieser alten Burschen, die überall mit ihrer Ignoranz prahlen und behaupten, junge Männer bräuchten nichts wissen außer Addition und Ehrlichkeit.

Wir haben in ganz unterschiedlichen Welten begonnen, und wir alle waren unwissend. Der Herr hat uns die Gelegenheit geboten, unser Geschäft von der Pike auf zu lernen. Wir mussten allerdings keine Bruchrechnung beherrschen, um unseren Gewinn zu kalkulieren. Heute muss ein Kaufmann die Astronomie kennen und ein Fernrohr besitzen, um den Profit zu erspähen, und wenn er ihn endlich entdeckt, stellt er fest, dass er sich irgendwo an fünfter Stelle hinter dem Komma versteckt.

Die Erfolgschancen für junge Männer sind immer noch die gleichen, aber der Erfolg ist ein wenig scheuer geworden und lässt sich nicht mehr so leicht erhaschen wie ein Hase, dem man Salz auf den Schwanz gestreut hat.

Vor dreißig Jahren konnte man mit einem alten Vorderlader innerhalb der Stadtgrenzen Unmengen von Enten erlegen, und Chicago war damals auch nicht Cook County. Du kannst immer noch viele Enten schießen, aber dafür musst du heute bis nach Kankakee fahren und ein Hammerless-Gewehr benutzen. Als ich in der Fleischverpackungsindustrie angefangen habe, war es ein unkompliziertes Geschäft ohne Firlefanz – Schweine wurden zu Schweinefleisch verarbeitet: salzgepökeltes Fleisch für die *Nigger* im Süden und zuckergepökeltes Fleisch für die Weißen im Norden. Alles andere wurde zu Würsten gedreht oder weggeworfen. Wenn wir heute ein Schwein verarbeiten, wird es in einer unüberschaubaren Vielfalt von Dosen und Konserven verpackt, und es gibt kein Körperteil, das nicht irgendwie verwertet würde.

Was wir damals wegwarfen, war unser Gewinn. Heute braucht man Ärzte, Anwälte, Ingenieure, Dichter und was weiß ich wen noch, um das Geschäft zu führen, und ich würde mich nicht wundern, wenn weitere Verbesserungen am Ende auch noch einen Pfarrer nötig machen. Ein junger Mann, der erwartet, sich in einer solchen Umgebung zu behaupten, muss so scharf und bissig sein wie die Zähne eines Jagdhundes, oder irgendein anderer Bursche wird ihn einfach verschlingen.

Der erste studierte Mann, den ich anstellte, war Jim, der Sohn des alten John Durham. Das ist viele Jahre her, als die Firma noch wesentlich kleiner war. Jims Vater besaß viel Geld, bis er beschloss, das Universum herauszufordern und den Weizenmarkt aufzukaufen. Der Junge absolvierte ein Studium an der Universität mit allen Schikanen und belegte alle möglichen hochtrabenden Kurse. Sein alter Herr war mächtig stolz auf ihn. Er wollte, dass sein Sohn ein belesener Bursche wurde. Aber dann verspekulierte sich der alte Durham; der Preis für Marktweizen verfiel so stark, dass an einem Börsentag ein halbes Dutzend von uns in die Bresche springen musste, um ihn vor dem Fall ins Bodenlose zu bewahren.

Jener Tag machte aus dem jungen Jim einen Kandidaten für echte Arbeit. Es dauerte nicht lange, bis er beschloss, der Herr werde sich schon um den Fortbestand der Dichtkunst kümmern, und er selber tue gut daran, seine Aufmerksamkeit auf Pökelfleisch zu richten. Am nächsten Morgen wartete er im Büro mit einem Bewerbungsschreiben auf mich, und als er herausfand, dass ich unter keinen Umständen einen Privatsekretär einstellen würde, bewarb er sich auf jede andere mögliche Stelle, bis zum einfachen Laufjungen. Ich sagte ihm, es täte mir leid, aber ich könne nichts für ihn tun; dass wir vielmehr dabei wären, Mitarbeiter zu entlassen, aber dass ich zum gegebenen Zeitpunkt an ihn denken würde, und so weiter. Tatsache war, dass ich nicht glaubte, dass ein Bursche mit Jims Ausbildung irgendwie nützlich sein könnte. Aber Jim ließ nicht locker; er sagte, er habe Gefallen an der Firma gefunden und er wolle für sie arbeiten. Er rief ungefähr zweimal pro Woche an, um zu fragen, ob sich irgendeine Möglichkeit aufgetan hätte.

Ungefähr einen Monat später hatte er mich schließlich zermürbt, und so hielt ich ihn eines Tages an, als ich ihn auf der Straße traf. Ich wollte herausfinden, ob er wirklich so versessen auf Arbeit war, wie er behauptete. Abgesehen davon hatte ich das Gefühl, vielleicht hätte ich den Burschen nicht ganz gerecht behandelt, da ich selber an der Weizenspekulation seines Vaters beteiligt gewesen war.

»Hallo Jim«, begrüßte ich ihn. »Wollen Sie immer noch bei uns arbeiten?«

»Ja, Sir«, antwortete er wie aus der Pistole geschossen.

»Nun, dann sage ich Ihnen, wie die Dinge sind, Jim«, sagte ich und blickte zu ihm auf – er war einer dieser großen, kräftigen Burschen mit trägen Bewegungen. »Im Büro sehe ich keine Chance für Sie, aber soweit ich weiß, suchen sie in einem der Packertrupps noch gute, starke Männer.«

Ich dachte, damit wäre die Sache erledigt und Jim ließe mich fortan in Ruhe, denn Rinderhälften zu schleppen oder Fässer und Tonnen gute neunzig Meter weit zu den Lastwagen zu rollen, war alles andere als ein Vergnügen. Aber Jim erwiderte prompt: »Abgemacht. Wer ist mein Boss?« Diese unbekümmerte Art zu reagieren, ganz so, als schlösse er eine Wette ab, gab mir die endgültige Gewissheit, dass er nicht das Zeug zum Metzger besaß. Aber ich antwortete ihm und er sauste sofort los, um den Vorarbeiter zu finden. Über einen anderen Weg erließ ich die Anweisung, dafür zu sorgen, dass er alle Hände voll zu tun bekam.

Ich hatte Jim schon völlig vergessen, als mir drei Monate später sein Name für eine Beförderung und eine Lohnerhöhung genannt wurde. Es schien, als habe er seinen Job abgeschafft. Nachdem er eine Weile Fässer gerollt und dieser Sport eine seine Schultern gegenüber der anderen um einige Zentimeter abgesenkt hatte, tüftelte er eine Methode aus, die diese Arbeit erleichterte. Dabei kam er auf die Idee für eine Art Über-Kopf-Schienensystem, mit dem sich die Fässer aus den

Lagerräumen bis zu den Lastwagen fahren ließen. Das Ganze konnten zwei bis drei Männer bewerkstelligen, statt einer ganzen Truppe. Es war genauso, wie ich es mir vorgestellt hatte. Jim war ein fauler Hund, aber er hatte der Firma so viel Geld gespart, dass ich ihn unmöglich feuern konnte.

Also erhöhte ich seinen Lohn und machte ihn zum stellvertretenden Zeiterfasser und Aufseher. Jim machte das drei oder vier Monate, bis ihm wahrscheinlich die Füße wehtaten, und wieder schaffte er seinen Job ab. Es schien, als habe er etwas von einer neuen Maschine gehört, um die Arbeitszeit zu erfassen, sodass die manuelle Methode überflüssig wurde – mit Ausnahme der Männer, welche die Maschinen überwachten. Er bedrängte den Oberaufseher solange, bis dieser nachgab und ihn beauftragte, die Zeiterfassungsmaschinen anzuschaffen. Natürlich verlangte Jim daraufhin erneut eine Lohnerhöhung, weil er uns wieder so viel Geld gespart hatte. Wir konnten sie ihm kaum verweigern.

Allmählich begann ich mich für Jim zu interessieren, und so holte ich ihn nach oben ins Büro und ließ ihn Rundschreiben abtippen. Wir versandten diese Schreiben regelmäßig an den Handel. Das war kurz vor der allgemeinen Einführung der Schreibmaschinen, die sich damals noch in der Experimentierphase befanden. Aber Jim hatte noch keinen Monat eifrig Briefe getippt, als er Krämpfe in den Fingern bekam und wieder neugierig nach einer Verbesserungsmethode stöberte.

Das Erste, was ich hörte, war, dass er die Handelsreisenden mit seinem Drängeln verrückt machte, sie möchten mir eine dieser neuen Schreibmaschinen andrehen. Da er einfach nicht locker ließ, überredeten sie mich schließlich dazu, es zu probieren. Wieder hatte Mister Jim seinen Arbeitsplatz überflüssig gemacht. Dieses Mal erhöhte ich seinen Lohn, ohne dass er überhaupt darum bat und schickte ihn auf Reisen, damit er unser neues Produkt – Rindfleischextrakt – verkaufte.

Jim absolvierte zwei Handelsreisen, auf denen er nicht genügend verkaufte, um die Fabrikarbeiter Überstunden machen zu lassen, und dann kam er in mein Büro und erzählte mir eine lange Geschichte darüber, dass wir alles falsch machten. Er sagte, wir sollten die Verbraucher mittels Werbung ansprechen und auf diese Weise dafür sorgen, dass der Handel zu uns kam, anstatt umgekehrt.

Das war Jim wie er leibte und lebte, sodass ich ihn zunächst auslachte. Abgesehen davon war diese Art Werbung damals etwas ziemlich Neuartiges, und ich war einer dieser Traditionalisten, die sich nicht so richtig damit anfreunden konnten. Aber zwischen zwei Handelsreisen bearbeitete mich Jim solange, bis ich ihn schließlich ins Büro zurückholte und ihm sagte, er dürfe einen kleineren Werbeversuch unternehmen.

Im ersten Jahr erschreckte mich Jim fast zu Tode. Endlich hatte er etwas gefunden, wofür er sich wirklich interessierte – Geldausgeben –, und man kann sagen, er schwelgte geradezu darin. Vemutlich lag er nachts wach und dachte sich neue Wege aus, um die Gewinne des alten Herrn zu verprassen. Und er fand sie. Es schien, als gebe es von Graham's Extrakt kein Entkommen, und immer, wenn ich eine dieser Werbeanzeigen sah, hustete und schluckte ich, da ich wusste, dass sie mit meinem Geld bezahlt worden war, das nicht zurückkam. Aber wenn ich den Hahn endgültig zudrehen wollte, redete mir Jim gut zu und überzeugte mich davon, dass um die Ecke der große Profit auf mich wartete.

Graham's Extrakt begann als ein Produkt, mit dem man Rinderbrühe machen konnte – nicht mehr und nicht weniger. Aber noch bevor Jim einen Monat damit herumgespielt hatte, brachte er seine Freundin dazu, sich hundert verschiedene Verwendungsmöglichkeiten auszudenken, die er alle in den Werbeanzeigen vorstellte. Es schien, als gäbe es kein Gericht, dass ohne eine Prise Rinderfleischextrakt auskam. Jim hielt mich die ganze Zeit zwischen Schrecken und Staunen. Manchmal, allerdings nicht zu oft, musste ich über seine närrische Art geradezu grinsen. Ich erinnere mich an eine Werbeanzeige, auf der sechzehn Kühe abgebildet waren, die bei einer Art kleiner Druckmaschine standen, aus der es ratterte, jedes Pfund Graham's Extrakt enthalte den Saft, der aus einer Herde Rinder gepresst worden sei. Wenn ein Forscher zum Nordpol aufbrach, sandte Jim ihm eine Schachtel Rindfleischextrakt und warb anschließend damit, das Extrakt sei großartig, um sich in kalten Klimaregionen aufzuwärmen. Und wenn jemand auf Forschungsreise nach Afrika ging, sandte er ihm eine Schachtel Rindfleischextrakt und warb mit der Behauptung, mit etwas Eis ergebe es ein wunderbares Getränk, um sich zu ertüchtigen.

Jeden Tag fiel Jim etwas Neues ein, und jedesmal, wenn er eine neue Idee hatte, kostete sie die Firma viel Geld. Schließlich beschloss ich, die Verluste zu stoppen und dem Ganzen ein Ende zu setzen; dieses Mal sollte Mister Jim wirklich seinen Job verlieren. Aber dann stiegen plötzlich die Bestellungen für Graham's Extrakt, sodass ich es bei einer Ermahnung bewenden ließ. Anschließend verursachte er wieder neue Ausgaben, und ich verzieh ihm erneut. Schließlich wurde das Rindfleischextrakt so erfolgreich, dass Jim in der Firma so hoch aufstieg, dass ihm nichts mehr passieren konnte.

Jim war auf seine Weise vollkommen in Ordnung, aber es war eine neue Art und Weise, und ich war nicht weitsichtig genug gewesen, um zu erkennen, dass seine Methode die bessere war. Das war der Moment, in dem mir die Verbindung zwischen einer akademischen Ausbildung und dem Geschäft klar wurde. Ich habe es mir immer zur Regel gemacht, kluge Köpfe einzustellen, und inzwischen habe ich gelernt, dass sie umso schneller Gründe für eine Lohnerhöhung finden, je besser sie ausgebildet sind. Der Bursche, der keine solche Ausbildung hat, ist vielleicht genauso schlau, aber es wird ihm schwerer fallen, auf gute Ideen zu kommen.

Ich nehme an, du fragst dich, warum ich so versessen auf eine gute Ausbildung und dennoch gegen dieses Postgraduiertenstudium bin. Aber eine bestimmte Denkhaltung ist nicht das Einzige, dass sich ein junger Mann auf der Universität aneignet.

Ich sehe, dass du zum Klassensprecher gewählt wurdest und freue mich, dass dich die anderen Burschen nicht ausgrenzen oder foppen. Aber auch wenn der beliebteste Mann seiner Klasse nicht unbedingt ein Versager im Geschäft sein muss, nimmt diese Popularität eine gehörige Zeit in Anspruch. Mir ist bei deinem Besuch zu Ostern zudem aufgefallen, dass du ein Faible für legere Kleidung und Zigaretten hast. Das ist natürlich nicht strafbar, aber ich stelle keine saloppen Büroarbeiter ein, und der einzige Ort, an dem das Rauchen erlaubt ist, ist die Düngemittelfabrik.

Ich erwähne das nur ganz nebenbei. Ich habe absolutes Vertrauen in deinen Verstand und glaube, dass du erkennst, worum es mir geht, ohne dass ich meine Gründe dafür, weshalb du einstweilen genug Bildung genossen hast, mit einer Fleischaxt zerlegen muss.

Dein dir zugetaner Vater,
John Graham

BRIEF 4

John Graham, Oberhaupt von Graham & Co.
in den Union Stock Yards in Chicago
an
seinen Sohn Pierrepont Graham
im Waldorf-Astoria in New York

Mr. Pierrepont hat eine Kavaliersreise als würdigen Abschluss seiner Ausbildung vorgeschlagen.

25. Juni 189_

Lieber Pierrepont,
mit deinem Brief, in dem du vielwortig um den heißen Brei redest, wirkst du wie ein junger Setter, der versucht, seinen eigenen Schwanz zu erhaschen. Aber ich entnehme ihm, dass du einige Monate in Europa verbringen möchtest, bevor du hierher zurückkommst und dich ins Geschäft stürzt. Natürlich bist du inzwischen dein eigener Herr und solltest in der Lage sein, besser als jeder andere zu beurteilen, wie viel Zeit du verschwenden kannst.

Es scheint mir allerdings, ganz allgemein gesprochen, dass ein junger Mann von zweiundzwanzig Jahren, der körperlich und geistig gesund und ohne einen Dollar in der Tasche ist und auch noch nie einen verdient hat, gar nicht schnell genug eine Anstellung finden kann. Und in diesem Zusammenhang ist es nur gerecht, wenn ich dir mitteile, dass ich den Kassierer angewiesen habe, deine monatlichen Zuwendungen ab dem 15. Juli einzustellen. Das erlaubt dir einen zweiwöchigen Urlaub – genug, um einen kranken Burschen gesund und einen faulen noch fauler zu machen.

Ich höre viel von Männern, die nie Urlaub nehmen und schließlich vor lauter Überarbeitung sterben, aber für gewöhnlich sind die eigentlichen Gründe Sorgen oder Whisky. Nicht das, was Männer während ihrer Arbeitszeit machen, macht sie krank, sondern das, was sie nach der Arbeit machen. Ein Mann und sein Geschäft sollten im Büro Busenfreunde und außerhalb der Firma Erzfeinde sein. Ein klarer Geist ist einer, der jeden Abend punkt sechs das Geschäft zusperrt und sich erst wieder am nächsten Morgen damit beschäftigt, wenn er die Rolläden wieder hochschiebt.

Einige Kerle verlassen das Büro spätabends und vergnügen sich anschließend mit ihren Kumpanen. Andere gehen nach Hause und grübeln den ganzen Abend – beide befinden sich in schlechter Gesellschaft. Das sind Männer, die immer Urlaub brauchen, sich aber nie erholen. Was jeder Mann einmal pro Jahr braucht, ist Abwechslung von der normalen Arbeitsroutine. Das heißt, wenn jemand fünfzig Wochen im Jahr über dem Schreibtisch gebeugt saß und von Wildvögeln und Burgunder gelebt hat, sollte er für seinen Lebensunterhalt angeln und es zur Abwechslung zum Abendessen mit Eiern und Speck und ein wenig Quellwasser versuchen. Der Wechsel von Harvard in die Fleischfabrik wird dir für dieses Jahr genügend Zerstreuung bieten, um dich in Form zu halten, selbst wenn du keine vierzehn Tage Müßiggang hättest, in denen du tun kannst, was dir beliebt.

Du wirst immer wieder feststellen, dass du auf der sicheren Seite bist, wenn du eine Gelegenheit ergreifst, sobald sie sich bietet – vor allem, wenn es sich um eine Arbeitsstelle handelt. Es ist nie einfach, Arbeit zu finden, es sei denn, du wolltest keine. Wenn du dagegen dringend einen Job brauchst und versuchst, ihn aufs Korn zu nehmen, wirst du feststellen, dass er sich versteckt wie eine Rabenkrähe, die jeder Farmer in der Gegend abzuschießen versucht.

Als ich jung war und noch keine feste Stelle hatte, machte ich es mir zur Regel, die erste Arbeit anzunehmen, die sich bot und sie als Köder zu nutzen. Mit einem Wurm fängst du eine Elritze; die Elritze wiederum dient als Köder für einen Barsch. Ein guter fetter Barsch ist für jeden Otter eine Versuchung, und dann hast du eine Beute, die es lohnt, ihr das Fell abzuziehen. Selbstverständlich besteht in deinem Fall keine Gefahr, dass du keine Tätigkeit in meiner Firma bekommst – tatsächlich gibt es keine Möglichkeit, wie du einer Arbeit in meinem Unternehmen entkommen kannst. Aber ich möchte nicht erleben, dass du jedes Mal zurückscheust, wenn dein alter Herr mit dem Zaumzeug auf dich zukommt.

Ich möchte, dass du von Anfang an lernst, nicht mit dem Löffel zu spielen, bevor du die Medizin einnimmst. Wenn man eine leichte Aufgabe aufschiebt, wird sie schwierig; wenn man eine schwierige Tätigkeit vor sich herschiebt, türmt sie sich irgendwann zu einem unüberwindlichen Hindernis auf. Vorsichherschieben ist ein sehr langes Wort; machen hat nur ein Drittel so viel Buchstaben.

Der alte Dick Stover, für den ich in Indiana einst im Büro arbeitete, war der schlimmste Aufschieber, den ich je gesehen habe. Dick war ein mächtig guter Esser und niemand liebte die Mahlzeiten mehr als er, aber er pflegte sich morgens im Bett für weitere fünf Minuten umzudrehen und schob das Aufstehen vor sich her, bis seine Frau schließlich Frühstück und Abendessen zusammenlegte, sodass er nur zwei Mahlzeiten am Tag bekam. Er war auch sehr fromm, aber er schob seine Gebete immer auf, bis er schon im Bett lag, und dann verschob er das Beten, bis seine Gedanken rein von weltlichen Dingen waren. Am Ende schlief Dick immer ein, ohne je seine Gebete aufgesagt zu haben. Zwischen dem Versäumnis der Sonntagsmesse und dem Umstand, dass man ihn nie auf seinen Knien sah, wurde er mir nichts, dir nichts aus der Kirche geworfen.

Als ich anfing, bei ihm zu arbeiten, lief sein Geschäft recht gut, aber er zauderte immer, die schlechten Büroarbeiter zu feuern, bis sie sich mit der Kasse auf und davongemacht hatten. Die Lohnerhöhungen für die guten Arbeiter schob er solange vor sich her, bis sein Wettbewerber sie abgeworben hatte. Schließlich wurde Dick so faul, dass er seine Rechnungen nicht diskontierte, obwohl er das Geld hatte. Und wenn sie fällig wurden, händigte er Schuldscheine aus, um die Barzahlung noch ein wenig herauszuschieben. Wenn man sein Geschäft auf diese Weise führt, ist es, als mache man sein Testament zugunsten des Sheriffs und beginge dann Selbstmord, damit er alles erbt. Als ich das letzte Mal von Dick hörte, war er dreiundneunzig Jahre alt und kurz vorm Sterben. Das war vor zehn Jahren und ich wette, er lebt immer noch. Ich erwähne Dick nur als Beispiel dafür, wie Gewohnheiten das Leben eines Mannes bestimmen.

Für jeden Fehler, den ein Mann machen kann, gibt es eine Entschuldigung, aber nur eine einzige. Wenn ein Mann den gleichen Lapsus zweimal macht, ist er entweder nachlässig oder dumm. Ich wusste natürlich, dass du dich ziemlich oft zum Narren machen würdest, wenn ich dich auf die Universität schicke, und ich wurde nicht enttäuscht. Aber ich habe von dir erwartet, dass du die Zahl der möglichen Kombinationen eindampfst, indem du dich jedes Mal auf andere Weise zum Narren machst. Das ist wichtig, es sei denn, ein Bursche hätte eine allzu lebhafte Fantasie oder überhaupt keine. Du wirst diese europäische Torheit wahrscheinlich früher oder später ausprobieren, aber wenn du ein paar Jahre wartest, wirst du dich in völlig anderem Geiste auf die Reise machen und mit einem gerüttelt Maß an Respekt für die Menschen zurückkehren, die vernünftig genug sind, zu Hause zu bleiben.

Ich entnehme deinem Brief, dass du erwartest, einige Monate auf der anderen Seite des Teiches würden dir ein wenig Schliff verleihen. Ich möchte nicht pessimistisch erscheinen, aber ich habe Hunderte von jungen Männern die Universität verlassen und mit der gleichen Idee nach Europa reisen sehen, und am Ende brachten sie nicht viel mehr zurück nach Hause als einige Koffer mit schlecht sitzender Kleidung. Die Welt zu sehen ist so wie Mildtätigkeit – es umfasst viele Sünden –, und wie Mildtätigkeit sollte es zu Hause beginnen.

Kultur ist keine Sache der Klimaveränderung. Du wirst im Tal von Mississippi auf einem Quadratmeter mehr über das englische Dichterehepaar Browning hören als in England. Und am Lakefront Trail wird genauso viel über Kunst gesprochen wie im Quartier Latin. Die Kunst ist vielleicht ein wenig anders, aber vorhanden ist sie bestimmt.

Einst bin ich selber nach Europa gereist. Ich war ziemlich unbedarft, als ich in Chicago aufbrach und ziemlich ernüchtert, als ich zurückkehrte. Alles in allem erging es mir einigermaßen schlecht. In London wurde ich zum ersten Mal in meinem Leben als leichte Beute betrachtet. Immer wenn ich ein Geschäft betrat, stiegen plötzlich die Preise. Die Verkäufer ließen alles stehen und liegen und strengten sich an, um mir für teuer Geld vermeintlich wertvolle Kunstwerke anzudrehen. In ihrem Land gebe es keine Schwindler, betonten sie. Soso. Sie verkaufen Gemälde – »Alte Meister« genannt. Ich kaufte zwei; du kennst sie; sie hängen im Warteraum in den Stock Yards. Als ich zurückkehrte, fand ich heraus, dass ein mickriger kleiner Bursche sie gemalt hatte, der nach Paris ging, um Kunst zu studieren, nachdem Bill Harris festgestellt hatte, dass der Junge für die Rechnungsabteilung nicht taugte. Ich behielt die Bilder, um mich daran zu erinnern, dass es keinen größeren Narren gibt als den guten alten amerikanischen Narren mit einer Schwäche für Alte Meister.

Der Bursche, der versuchte, mich mit einem Wappen übers Ohr zu hauen, konnte mich nicht so leicht betrügen. Ich habe mir eines anfertigen lassen, als ich mich selbstständig machte. Es stellt einen angreifenden Stier dar und ist im Handelsregister eingetragen. Das ist meine Handelsmarke und das einzige Wappen, das ein amerikanischer Kaufmann braucht. Es ist in den letzten zwanzig Jahren in jeden Winkel der Erde vorgedrungen und jeder Soldat auf der Welt hat es bei sich getragen – in seinem Rucksack.

Ich bin genauso stolz darauf wie der Bursche, der ein Familienwappen erbt und nichts Besseres damit anzufangen weiß, als es auf seinen Briefkopf und die Tür seiner Kutsche zu pinseln. Allerdings ist mein Wappen wesentlich profitabler. Jeder in meiner Branche kennt es und weiß, dass es für gute Qualität steht, und das ist alles, wofür das Emblem eines Engländers stehen kann. Das Abzeichen eines Amerikaners kann im Allgemeinen für nicht viel stehen – zumeist ist es das Brandzeichen eines Snobs.

Nachdem ich gesehen habe, was aus einigen der Nachkommen der ersten englischen Ladenbesitzer und deutschen Einwanderer geworden ist, die noch mit der Hacke Furchen durch den Boden gezogen haben, fühle ich mich gelegentlich etwas unbehaglich, wenn ich daran denke, was meine Urenkel womöglich mit meinem Markenzeichen anstellen. Aber solange dieser alte Herr noch im Sattel sitzt, halten wir einfach an unserem Wappen fest und versuchen, sein Versprechen zu erfüllen.

Ich erwähne all diese Dinge ganz allgemein. Was deine Person betrifft, habe ich keine Befürchtungen, nachdem du einige Jahre gearbeitet und deine Mitte zwischen Harvard und der Fleischfabrik gefunden hast. Wenn du dann auf einer weitläufigeren Weide grasen willst, kann das nicht schaden. Einstweilen wirst du ziemlich mit dem Versuch beschäftigt sein, dich unter den Klassenbesten zu positionieren.

Dein dir zugetaner Vater,
John Graham

BRIEF 5

John Graham, Oberhaupt von Graham & Co.
in den Union Stock Yards in Chicago
an
seinen Sohn Pierrepont Graham
am Lake Moosgatchemawamuc in den Wäldern
von Maine

Mr. Pierrepont hat seinem Vater geschrieben und seinen Vorschlag zurückgezogen.

7. Juli 189_

Dear Pierrepont,
dein Brief vom vierten Juli klingt wohl in meinen Ohren und die Zahl der verwendeten Worte sagt mehr aus als jedes andere Schreiben, das ich je von dir erhalten habe. Ich erinnere mich, dass ich einst las, einige Männer machten viele Worte, um zu verbergen, was sie denken; nach meiner Erfahrung gibt es wesentlich mehr, die viel erzählen, *anstatt* zu denken.

Das Gespräch eines Geschäftsmannes sollte von weniger und einfacheren Regeln bestimmt sein als jede andere Funktion des menschlichen Wesens. Sie lauten:

1. Habe etwas zu sagen.
2. Sage es.
3. Schweige.

Den Mund aufzumachen, bevor du weißt, was du sagen willst, und weiterzusprechen, nachdem du gesagt hast, was du mitzuteilen hattest, lässt einen Kaufmann vor Gericht oder im Armenhaus landen, wobei Ersteres der kürzeste Weg in Letzteres ist. Ich unterhalte eine Rechtsabteilung, und sie kostet mich viel Geld, aber sie dient dazu, Gerichtsprozesse zu vermeiden.

Es ist vollkommen in Ordnung, wenn du mit einer jungen Dame plauderst oder dich nach dem Abendessen mit Freunden unterhältst, als seiest du auf einem Sonntagsschulausflug, bei dem immer wieder kleine Pausen zum Blumenpflücken eingelegt werden. Aber im Büro sollten deine Sätze die kürzestmöglichen Abstände zwischen zwei Dingen sein. Verzichte auf Begrüßung und Schluss und verstumme, bevor du zum zweiten Punkt kommst. Um Sünder zu bekehren, musst du kurze Predigten halten. Und Diakone werden sowieso nicht glauben, dass sie selber lange Predigten brauchen. Überlasse Narren das erste und Frauen das letzte Wort. Das Fleisch befindet sich immer in der Mitte des Sandwiches. Natürlich kann ein wenig Butter auf beiden Seiten nicht schaden, sofern das Brot für einen Mann gedacht ist, der Butter mag.

Denke außerdem immer daran, dass es leichter ist, weise dreinzublicken als kluge Worte zu finden. Sprich weniger als die anderen und höre mehr zu, als du sprichst. Ein Mann, der zuhört, gibt nichts über sich preis und schmeichelt dem Redner, der sich offenbart. Sei den Männern ein guter Zuhörer und gib den Frauen ausreichend Notizpapier, und sie werden dir alles erzählen. Geld spricht, aber nur dann, wenn sein Eigentümer eine lose Zunge hat, und dann sind seine Bemerkungen immer beleidigend. Armut redet auch, aber niemand will hören, was sie zu sagen hat.

Ich erwähne das nur ganz nebenbei, weil ich fürchte, dass du dazu neigst, der mitteilsame Mann zu sein; so wie ich mich ein wenig sorge, dass du gelegentlich wie der hungrige Handelsvertreter in einer billigen Absteige bist – geneigt, deinen Appetit zu stillen, indem du dich über den Kuchen in der Mitte des Tisches hermachst, noch bevor die Suppe serviert wird.

Natürlich bin ich froh zu sehen, dass du Vernunft beweist und die richtige Einstellung zu deiner Rückkehr nach Chicago und deinen Einstieg ins Arbeitsleben zeigst. Aber du solltest deinen Tatendrang ein wenig im Zaum halten, bevor du den Sprung in den Beruf wagst, denn du wirst das Wasser vermutlich ziemlich kalt finden. Ich habe viele junge Männer durch dieses Büro gehen sehen. In der ersten Woche haben sie große Angst davor, gefeuert zu werden. In der zweiten Woche befürchten sie, nicht entlassen zu werden. In der der dritten Woche hat ein untauglicher Bursche gelernt, was er mindestens leisten muss, um seinen Job zu behalten, wohingegen ein guter Mann seine Stelle mit einer Hand festhält, während er die andere nach der nächsthöheren Position ausstreckt. Ich will damit nicht sagen, dass er seine Arbeit vernachlässigt, aber er beginnt angenehm aufzufallen, und das ist ein sehr hoffnungsvolles Zeichen sowohl bei einem jungen Büroarbeiter als auch bei einer jungen Witwe.

Das erste Arbeitsjahr musst du so handhaben wie ein trabendes Pferd. Wärme dich zunächst auf, bevor du dich der ersten

Hürde näherst – nicht so weit, dass du ins Schwitzen gerätst, sondern genauso viel, dass du locker, beweglich und bereit bist. Starte nie aus einer Position, die sich nicht verbessern lässt und teile dir deine Kräfte gut ein. Beginne in einem zügigen, aber gemäßigten Tempo, damit dir auf der Hälfte nicht die Puste ausgeht. Strenge dich aber tüchtig an, damit du den anderen stets voraus bist. Nach drei Vierteln der Wegstrecke solltest du so schnell sein, dass du deine Konkurrenten abhängst und auf Hochtouren läufst. Sieh dabei immer nach vorne, sodass du nicht vor den kleinen Dingen am Wegesrand zurückschreckst. Mit erhobenem Haupt und stolzem Schweif – so wie die berühmten Rennpferde Maud S., Dexter und Jay-Eye-See auf den Gemälden abgebildet sind. Und so möchte ich, dass du am Ende des Jahres an deinem alten Herrn vorbeiziehst, wenn wir die Zahl der Männer festlegen, die für eine Beförderung infrage kommen und die Löhne auswählen, die wir ein wenig anheben wollen.

Ich habe schon immer an den Leitspruch »Der Apfel fällt nicht weit vom Stamm« der Methodisten beziehungsweise die »Vererbbarkeit« der Unitarier geglaubt, und ich möchte nicht, dass du im Herbst meines Lebens meine religiösen Überzeugungen durcheinanderbringst. Die Liebe eines Mannes zu seinen Kindern und sein Stolz sind in dieser Welt recht eng miteinander verflochten und er kann sie nicht immer trennen.

Ich halte große Stücke auf dich und auf die Firma und möchte, dass ihr beide gut miteinander auskommt. Dafür musst du richtig anfangen. Im Geschäft einen guten ersten Eindruck zu machen, ist genauso wichtig wie bei der Brautwerbung. In Romanen wirst du viel über die »Liebe auf den ersten Blick« lesen, und soweit ich weiß, mag durchaus etwas dran sein. Aber ich bin absolut gewiss, dass es im Geschäft keine Liebe auf den ersten Blick gibt. Ein Mann muss viel Zeit investieren, früh anfangen, spät gehen und die ganze Zeit aufmerksam sein, bevor er eine junge Dame oder eine Stelle bekommen kann, welche die Mühe wert sind. Auf dieser Welt gibt es nichts geschenkt; du musst auf dich aufmerksam machen und dann im Allgemeinen losgehen und dir verdienen, was du willst.

Unsere intelligenten, gebildeten jungen Männer haben entdeckt, wie man aus eingemachtem Hühnertopf eine ziemlich gute Speise macht – und das ganz ohne Huhn; sie behaupten sogar, man könne den Klee in unserer Margarine riechen, wenn man eine feine Nase habe. Aber keinem dieser Burschen ist es gelungen, irgendetwas zu entdecken, das als Ersatz für Arbeit dienen könnte, wenngleich ich einigen von ihnen zugestehe, dass sie sich intensiv bemüht haben.

Ich erinnere mich an die Zeit – damals in den Sechzigern –, als ich Waren für den alten Josh Jennings verkaufte. Ich hatte ungefähr tausend Dollar auf einem Sparkonto angehäuft. Das waren verdammt harte tausend, die ich mir Dollar für Dollar zusammengespart hatte, und jeder hatte eine kleine, deutlich sichtbare Kratzspur, dort, wo ich hineingebissen hatte. Ich teilte mir damals eine Wohnung mit einem Burschen namens Charlie Chase, der Kurzwaren verkaufte. Charlie wollte unbedingt ein reicher Mann sein, aber er konnte nie die Verbindung zwischen diesem Verlangen und seiner Ladentheke erkennen. Gelegentlich erwähnte er mir gegenüber eine Erbin, die das Geld ihres Vaters auf schändliche Weise verschwendete, damit Charlie ihr den Hof machte. Aber was das Reichwerden außerhalb des Kurzwarengeschäfts und zwar das schnelle Reichwerden anging, war Charlie der richtige Mann.

Ungefähr am Dienstagabend – Zahltag war Samstag – blieb er zu Hause und begann, Luftschlösser zu bauen. Gegen acht besaß er im Geiste vielleicht eine Zeitschrift und noch vor Mitternacht stellte er sich vor, dass er Abonnenten abweisen müsse, weil seine Druckerpresse nicht nachkam. Oder er fühlte sich an einem bestimmten Abend sehr wissend und erfand ein System zur Weizenspekulation. Von dieser Idee ließ er sich davontragen und seine Gewinne wurden im Geiste immer höher, bis sich die Cheopspyramide dagegen ausnahm wie ein Eisbecher für fünf Cent. Alles, was er seiner Meinung nach brauchte, waren einige hundert Dollar Startkapital, und um sich diese zu beschaffen, beschloss er, mich von Anfang an teilhaben zu lassen.

Ich möchte hier klarstellen, dass du am besten sofort das Weite suchst, sobald dir jemand anbietet, dich von Anfang an an seinem Vorhaben zu beteiligen. Ich habe mich nie rundheraus geweigert, Charlie das benötigte Kapital zu leihen, aber im Allgemeinen verständigten wir uns darauf, dass ich ihm am nächsten Morgen, wenn er in Eile war, um pünktlich zur Arbeit zu kommen und seinen Job nicht zu gefährden, einen halben Dollar geben würde.

Letzte Woche kam Charlie bei mir im Büro vorbei, ein wenig gebeugt und schäbig gekleidet, aber strahlend und bebend vor Aufregung wie früher. Er erzählte mir, er sei Präsident der Klondike Exploring, Gold Prospecting and Immigration Company, die über ein Kapital von zehn Millionen Dollar verfüge. Ich nahm an, er sei alles in einem – Vorstand, Verwaltungsrat und Unternehmen –, bis auf die Visitenkarte, die er mir überreichte. Charlie besaß ein Talent dafür, Drucker aufzustöbern, die ihm noch trauten. Außerdem sagte er, aus Erinnerung an die guten alten Zeiten überließe er mir einige tausend Aktien für fünfzig Cent, wenngleich sie in Jahresfrist deutlich an Wert gewännen. Am Ende verständigten wir uns auf ein Darlehen über zehn Dollar und Charlie trottete zufrieden davon.

In den Sümpfen wimmelt es vor verwilderten Hausschweinen wie Charlie; Männer, die lieber im Geiste über Nacht Millionäre werden als tagsüber fünf Dollar Bargeld zu verdienen. Ich fand immer, dass es billiger ist, einem Kerl von diesem Format ein wenig Geld zu leihen, als ihn einzustellen. Tatsächlich habe ich nie einen solchen Mann kennengelernt, der clever genug gewesen wäre, tagsüber an die Firma zu denken und abends an sich selbst. Ein Bursche, der das versucht, ist meist denkschwach und taugt nicht viel. Aber in jedem Fall kommt die Firma am schlechtesten dabei weg.

Ich erwähne diese kleinen Dinge nur ganz allgemein. Wenn du dich an einige meiner Worte hältst, kannst du dir viele Probleme ersparen. Es gibt noch andere, aber über die will ich nicht sprechen, weil das Leben zu kurz ist, und weil es den Anschein hat, als verhelfe es einem Mann zu großer Zufriedenheit, selber den Abzug zu ziehen und zu sehen, ob sein Gewehr geladen ist. Eine Lektion aus eigener Erfahrung zu lernen, hat zudem den Vorteil, dass man sie nie vergisst.

Du beginnst am fünfzehnten um Punkt acht in den Yards und dein Boss ist Milligan. Du tust gut daran, bereits am vierzehnten hier einzutreffen, weil Milligan ein recht empfindlicher Ire ist und ich dir vielleicht einige Hinweise geben kann, wie du ihn dir gewogen machst. Er nimmt es eventuell ein wenig übel, wenn er einen Mann in seiner Abteilung beschäftigen soll, den er nicht selber ausgewählt hat.

Dein dir zugetaner Vater,
JOHN GRAHAM

BRIEF 6

John Graham
auf dem Weg nach Texas
an
Pierrepont Graham
von Graham & Co., Union Stock Yards, Chicago

Mr. Pierrepont hat mit seiner Korrespondenz versehentlich ein wenig Verwirrung ausgelöst, und das ist seinem Vater in Erfüllung seiner geschäftlichen Pflichten aufgefallen.

Schlafwagenabteil, Parnassus, 15. August 189_

Lieber Pierrepont,
vielleicht lag es daran, dass ich gestern Abend in Eile war, um den Zug zu erwischen, dass ich keine Zeit hatte, dir einige Dinge zu sagen, die heute Morgen schwer auf meinem Herzen lasten.

Jim Donnelly von der Donnelly Provision Company kam am Nachmittag mit einem dümmlichen Grinsen auf seinem fetten Gesicht in mein Büro, um mir mitzuteilen, dass er zwar sehr von einer Karte angetan sei, die ihn in einem unserer Firmenumschläge erreicht habe und die mit »Liebste« beginne und eine Einladung für morgen Abend ins Theater enthalte. Diese

Karte scheine jedoch in keinem erkennbaren Zusammenhang mit seiner Reklamation über den Fehlbestand bei der letzten Lieferung zuckergepökelter Schinken zu stehen, die er von uns gekauft habe.

Natürlich ließ ich Milligan rufen und wies ihn ziemlich schroff dafür zurecht, einen derart verantwortungslosen Schreiber in seiner Poststelle zu beschäftigen, der während der Arbeitszeit private Korrespondenz führe und überdies so dumm sei, diese mit Firmenbriefen zu verwechseln. Milligan stand da wie ein vom Donner gerührter Ire und ließ meinen wiederholten Ärger über sich ergehen, wobei ich meiner zweiten Tirade einige Details anfügte, die ich bei der ersten ausgelassen hatte, bevor er mir mitteilte, der Bursche, der das zu verantworten habe, seiest du. Natürlich fühlte ich mich daraufhin recht töricht, und wenngleich ich versuchte, mich ein wenig damit herauszureden, du seiest eben noch sehr unbedarft und grün hinter den Ohren, war das Eis, auf dem ich mich bewegte, äußerst dünn. Du hast dafür gesorgt, dass ich reichlich ins Rutschen kam.

Ich fühlte mich über diese Angelegenheit keinen Deut milder gestimmt, als ich hörte, du hättest auf Milligans Vorwürfe und seine Frage, was du wohl annähmest, dass Donnelly von einer derartigen Geschäftsführung denken würde, geantwortet, er möge »die Gefühle der jungen Dame bedenken, die unsere eiskalte Abweisung einer Reklamation über einige Zentner Schinken erhalten habe«.

Ich habe keine speziellen Einwände dagegen, dass du jungen Damen schreibst und ihnen versicherst, sie seien die einzig wahre Zuckerrose, denn wenn du es damit übertreibst, bist du es, der das Kranzgeld bezahlen muss. Aber du kannst diese Art

Korrespondenz nur nach sechs Uhr abends oder vor acht Uhr morgens führen. Die Zeit dazwischen gehört mir; ich habe sie gekauft. Deine Zeit ist Geld – mein Geld –, und wenn du dir davon eine halbe Stunde für deine eigenen Belange nimmst, dann ist das eine geringfügige Form von Kleindiebstahl.

Milligan sagt mir, du lerntest sehr schnell und seiest sehr leistungsfähig, wenn es deine Stimmung zulasse. Aber er fügt auch hinzu, dass das nur sehr selten vorkomme. Deine Aufmerksamkeit gelte womöglich den Briefen, die du schreibst; womöglich befändest du dich geistig aber auch in einem komatösen Zustand. Er wisse nie genau, wie du gestimmt seiest, bis er die Schreiben vom Amt für unzustellbare Briefe zurückerhalte.

Ein Mann kann seine Arbeit nicht richtigmachen, wenn sein Gehirn vollkommen leer oder mit allem möglichen Zeug angefüllt ist wie ein Bologna-Würstchen. Es spielt keine Rolle, wie niedrig und unbedeutend seine Arbeit erscheinen mag; sie ist in diesem Augenblick das Einzige und das einzig Wichtige. Das Geschäft ist wie Öl – es mischt sich mit nichts anderem als dem Geschäft.

Du kannst alles auf der Welt, selbst ein großes Vermögen, in Atome zerlegen. Für den Umgang mit Briefmarken und Millionen gilt dasselbe grundlegende Prinzip. Das sind die unverrückbaren Gesetze des Geschäftslebens, auf denen der gesamte Handel beruht. Sie sind so einfach, dass ein Narr sie nicht erlernen kann, und so schwierig, dass ein Faulpelz sie nicht lernen will.

Ständig schreiben mir junge Männer und bitten mich um Ratschläge für ihren Erfolg, und wenn ich ihnen mein Rezept sende, sagen sie, ich würde nur allgemein Bekanntes wiederholen. Natürlich tue ich das, aber das ist nun einmal die Natur dieses Rezepts. Und wenn ein junger Mann diese allgemeinen Kenntnisse auf seine Arbeit anwendet, erhält er am Ende einen schmackhaften Kuchen.

Wenn ein junger Mann die wichtigsten geschäftlichen Tugenden in seinem Charakter verankert hat, hat er eine solide Grundlage geschaffen, auf der er aufbauen kann. Aber wenn er morgens wie ein kranker junger Setter ins Büro kriecht und nachts wie ein hungriger Tiger vom Stuhl aufspringt, befürchte ich, dass wenn ich ihm die Verantwortung für eine Zweigstelle übertrage, er nicht immer für seine Kunden da sein wird. Das ist die Sorte Mann, der die Sonne jeden Morgen eine Stunde vom Aufgehen abhalten und ihr jeden Abend zwei zusätzliche Stunden schenkte, wenn der Herr ihm die gleiche Macht verleihen würde wie Joshua. Und mir ist aufgefallen, dass diese Sorte Mann die Zeiterfassung für eine persönliche Beleidigung hält. Von dieser Art tummeln sich viele in den Büros. Tatsache ist, dass wenn der Blick des menschlichen Auges ein Zifferblatt so abnutzen könnte, wie die Cousins vom Lande die Gastfreundschaft der Familie in der Stadt verschleißen, dann müsste ich jeden Morgen eine neue Uhr für das Büro kaufen.

Ich erinnere mich, dass unsere Kirche in meiner Jugend jeden Sommer ziemlich lebhafte mehrtägige Erweckungsveranstaltungen unter freiem Himmel veranstaltete. Der Kirchenälteste Hoover, der in unseren Kreisen als recht einflussreicher Ermahner galt, rang dort um die Seelen der Sünder und der Rückfälligen. Im Ort gab es einen alten Burschen – Bill Budlong –, der äußerst stolz darauf war, ein unverbesserlicher Teufel zu sein. Bill war immer der Letzte, der bei dem Erweckungsgottesdienst auf der Sünderbank Platz nahm und der Erste, der sich davonstahl, wenn die Messe vorbei war. Stets prahlte er damit, dass der Satan ihn fest im Griff habe und er die Ursünde verkörpere, die direkt auf Adam zurückgehe und fest und unwiderruflich in seinem Charakter verankert sei.

Doc Hoover holte alle Schäfchen der Ortsgemeinde unter das Dach der Kirche, wobei er an einigen Tagen lange Extrasitzungen abhalten musste, um diesen chronischen Missetäter zu bekehren. Aber am Ende gelang es ihm. Ungefähr ein oder zwei Monate später sandte Bill uns Kindern in den Gebetsstunden kalte Schauer über den Rücken, indem er uns sagte, vor seiner Bekehrung sei er wahrscheinlich der frivolste, wertloseste und störrischste Mann auf der Welt gewesen. Doch dann, ungefähr zum Zeitpunkt des Schlachtfestes, wurde er rückfällig und prahlte überall damit, er stehe so nahe am Höllenschlund, dass der Schwefelgeruch in seinem Schnurrbart hänge.

Das machte Bill ungefähr zehn Jahre lang und bildete sich immer mehr auf seine beharrlichen Sünderqualitäten ein, bis der Kirchenälteste eines Sommers alle vermeintlich verirrten Schäfchen seiner Gemeinde bekehrt hatte und verkündete, in diesem Jahr finde keine Erweckungssitzung mehr statt.

Nie hatte man einen Mann mit einer entsetzteren Miene als Bill gesehen, als er hörte, dass es keine Extrasitzung für ihn geben würde. Er stand auf und sagte, er sei sich sicher, ein weiterer Erweckungsgottesdienst würde ihn bekehren, denn er habe das Gefühl, der Klammergriff des alten Satans hätte sich gelockert. Doch Doc Hoover blieb hart. Dann bettelte Bill darum, ein spezieller Diakon möge mit dem Satan ringen, um ihm seine Seele zu entreißen, aber Doc hörte nicht auf ihn. Er sagte, er habe in den vergangenen zehn Jahren so viel Zeit auf ihn verschwendet, dass es für die Seelenrettung eines ganzen Countys gereicht hätte und habe daher beschlossen, ihn, Bill, fortan seinem Schicksal zu überlassen. Was er wirklich dringender benötige als Religion, sei gesunder Menschenverstand und die Überzeugung, dass die Zeit auf dieser Erde zu wertvoll sei, um vergeudet zu werden. Falls Bill das in seinen Kopf bekäme, glaube Doc nicht, dass Bill es sich mit der Ewigkeit verscherzte, und falls nicht, würde die Religion ihm auch nichts nützen.

Ein guter Kaufmann entdeckt in Doc Hoovers Rezept einige Weisheit. Es gibt zu viele junge Sünder in seinem Büro, als dass es sich lohnte, sich lange mit den Bills herumzuschlagen. Nur sehr wenige Männer sind es wert, dass man über einen bestimmten Punkt hinaus Zeit auf sie verschwendet, und dieser Punkt ist bei einem Burschen, der keinerlei Anzeichen erkennen lässt, dass er Hilfe anbieten möchte, sehr schnell erreicht. Natürlich fängt ein Neuling in einer Firma immer in einer sehr untergeordneten Stellung an, und mit einem Feuerwerksknaller kann man nicht so viel Lärm machen wie mit einer Kanone. Aber was von ihm übrig ist, wenn man am fünften Juli seine Leistung unter die Lupe nimmt, ist sehr aufschlussreich für die Entscheidung, ob man ihm im folgenden Jahr eine Kanone anvertrauen kann.

Es kommt letztlich nicht auf das wenige zusätzliche Geld an, das du für die Firma verdienst, wenn du dir die grundlegenden Geschäftstugenden aneignest. Was zählt, ist der Effekt, den diese Tugenden auf deinen Charakter und auf deine Vorgesetzten haben, vor allem aber auf das Urteil deines alten Herrn, wenn er einen Kandidaten sucht, mit dem er die Stelle über dir besetzen kann. Wahrscheinlich wird er geneigt sein, jemanden auszuwählen, der Geschäft und Privatleben trennen kann und der Firma volle Leistung für sein Gehalt bietet. Und er wird – ganz allgemein gesprochen – eher jemanden übergehen, der den wichtigen Dingen nicht genügend Aufmerksamkeit schenkt und umgekehrt.

Ich erwähne diese Dinge nur ganz nebenbei, aber ehrlich gesagt befürchte ich, dass du ein wenig von Bill in dir trägst, und du kannst kein guter Büromitarbeiter, geschweige denn ein Partner sein, bis du diese Eigenschaften in dir nicht ausgemerzt hast. Bei der Beurteilung, ob ein junger Bursche ein Leicht- oder ein Schwergewicht ist, versuche ich, kleinere Ungenauigkeiten an der Waagschale zu übersehen und Milde walten zu lassen. Aber ich mache keine Geschäfte mit einem Mann, den ich dabei ertappe, dass er bewusst die Waage manipuliert.

Dies ist ein prächtiges Land, aber es ist ein Jammer, dass es nicht mehr Schweine züchtet. Es scheint, ein Farmer braucht sehr lange, um zu lernen, dass der beste Weg, um seinen Mais zu verkaufen, über Schweineklauen führt.

Dein dir zugetaner Vater,
John Graham

P.S. Ich musste Donnellys Reklamation über die Schinkenlieferung soeben stattgeben, obwohl ich hundertprozentig sicher bin, dass unsere Waagen korrekt abgewogen haben und diese Angelegenheit die Firma sechzig Dollar kostet. Aber dein törichter Brief hat uns aller Argumente beraubt. Jedesmal, wenn ich daran denke, bin ich sehr verstimmt.

BRIEF 7

John Graham
in der Niederlassung von Graham & Co. in Omaha
an
Pierrepont Graham
in den Union Stock Yards, Chicago

Mr. Pierrepont ist nicht ganz mit den Methoden des werten Milligan einverstanden und hat sich ziemlich freimütig darüber geäußert.

Omaha, 1. September 189_

Lieber Pierrepont,
dein Brief vom 30. August erscheint mir vollkommen unangebracht. Ich höre es gar nicht gerne von dir, dass du nicht unter Milligan oder irgendjemand anderem arbeiten kannst, weil das eine fundamentale Schwäche offenbart. Außerdem ist die Firma nicht daran interessiert zu erfahren, was du von deinem Boss hältst, sondern was er von dir hält.

Ich verstehe alle Klagen über Milligan. Er ist ein übellauniger, miesepetriger alter Ire mit einer völlig unberechenbaren Laune, der seine Männer sechs Tage die Woche mit einem Ochsenziemer traktiert und am siebten Lohnerhöhungen für sie ausheckt, wenn er in die Messe gehen sollte. Er macht einem Angestellten die Hölle heiß, wenn dieser einen Brief nach Oshkosh sendet, der nach Kalamazoo hätte gehen sollen, legt aber ein gutes Wort für ihn ein, wenn der alte Herr ihn dafür feuern will. Insgesamt ist er ein harter, griesgrämiger, großzügiger, weichherziger, loyaler, rauhbeiniger alter Mann, der bei der Firma ist, seit diese zum ersten Mal die Rolläden hochgerollt hat, und der bei uns bleiben wird, bis wir sie zum letzten Mal herunterlassen.

Aber abgesehen von all diesen Dingen solltest du dir fest einprägen, dass du dein gesamtes Leben irgendeinen Milligan über dir hast. Und wenn es kein Milligan ist, dann wird es ein Jones oder Smith sein, wobei durchaus das Risiko besteht, dass du beide schwerer erträglich finden wirst als diesen alten Burschen. Und wenn es nicht Milligan, Jones oder Smith ist und du kein Metzger bist, sondern ein Pfarrer oder Arzt oder sogar der Präsident der Vereinigten Staaten, wird es ein weit entfernter Diakon oder der Leichenbestatter oder das System sein. Du wirst in dieser Welt niemals dein eigener Boss sein, es sei denn, du wärst ein Landstreicher, aber dann hast du es mit den Polizisten zu tun.

Wenn du kannst, versöhne dich mit diesem alten Mann, aber gib ihm keinen Grund, dich nicht zu mögen. Bewahre dir unter allen Umständen deinen Selbstrespekt, halte durch und lass dir nichts anmerken. Kritik kann angemessenerweise nur von oben kommen, und wann immer du feststellst, dass dein Boss nichts taugt, sei unbesorgt, dass der Mann, der sein Gehalt zahlt, dein Geheimnis teilt. Lerne, den Dorfältesten den Vorrang am Kaminofen zu lassen, sodass sie ihre Füße auf das Kamingitter stellen können, und du wirst feststellen, dass sie dir im Gegenzug ein wenig Platz einräumen. Alte Männer haben empfindliche Füße und Entschuldigungen sind eine schlechte Salbe für schmerzende Hühneraugen.

Denk daran, dass du es dir leisten kannst, dein Temperament zu zügeln, wenn du recht hast; und wenn du nicht recht hast, kannst du es dir nicht leisten, dass die Pferde mit dir durchgehen. Wenn du eine unberechenbare Kuh besitzt, ist es in Ordnung, wenn du ihr eine Acht in den Schwanz knotest, vorausgesetzt, du hast keinen Durst und Lust auf Aufregung. Aber wenn du Frieden und zehn Liter Milch willst, nähere dich ihr ruhig von der Seite und rede ihr in sanftem Ton gut zu – ungefähr so, als würdest du deine Liebste fragen, ob du ihre Hand halten darfst.

Natürlich musst du dich mit dem Naturell der Lebewesen auskennen und lernen, zwischen einer Kuh zu unterscheiden, die gerne ausschlägt, aber grundsätzlich gutmütig ist, wenn man mit dem gebotenen Respekt auf sie zugeht, und einem hinterhältigen Viech, das grundsätzlich bösartig ist, egal wie du dich ihm näherst. Es ist nie sinnvoll, sich mit einer solchen Kreatur anzulegen, egal ob Mensch oder Tier. Der einzige sichere Ort ist die andere Seite des Zauns oder der nächste Baumwipfel.

Als ich in Missouri im Büro arbeitete, zog ein Bursche namens Jeff Hankins von Wisconsin zu uns herunter und kaufte kurz vor den Toren der Stadt eine kleine Waldlichtung. Jeff redete gerne, war aber ein schlechter Zuhörer, und so erfuhren wir eine Menge darüber, wie die Dinge in Missouri gemacht wurden, wohingegen er nur sehr wenig über die Gewohnheiten unserer Fauna in Missouri lernte. Was die Viehhaltung betraf, war er liberal eingestellt und hatte einige Kenntnisse.

Aber dann kam die Zeit zum Pflügen der Felder und Jeff kaufte natürlich ein Maultier – eine kleine, mottenzerfressene

Kreatur mit traurigen, verträumten Augen und hängenden Wackelohren, die sich so mühelos im Kreis drehten, als säßen sie auf Kugellagern. Ihr Besitzer sagte, sie habe einen eher schwierigen Charakter, aber Jeff war so damit beschäftigt zu verkünden, was er alles über Pferde wusste, dass er nicht darauf achtete, was die anderen über Maultiere sagten. Schließlich ließ der Verkäufer sie auf Jeffs Grundstück von der Leine und sagte ihm, er hätte sicher keine Probleme damit, sie einzufangen, sofern er sich ihr von der rechten Seite nähere und eilte flugs davon.

Am nächsten Morgen nahm Jeff das Zaumzeug und begann, *Buffalo Gals* zu pfeifen – er war ein außerordentlich begabter Pfeifer, der eine Nachtigall mit allen Variationen nachahmen konnte –, um das Maultier einzufangen und mit dem Pflügen zu beginnen. Das Tier weidete und wirkte dabei so friedlich wie eine Aquarellmalerei und machte keinerlei Anstalten zu bocken. Aber als Jeff näher kam, legte es die Ohren an, als seien sie angeklebt. Jeff wusste, was das bedeutete und näherte sich ihm mit größter Vorsicht, wobei er sich immer rechts von ihm hielt und dabei beruhigend, um nicht zu sagen zärtlich gluckste: »Muli, Muli, hier Muli; so ist es gut, Muli.«

Das Maultier rührte sich noch immer nicht, und Jeff ging direkt auf es zu, legte ihm einen Arm über den Rücken und begann, ihm das Zaumzeug über den Kopf zu ziehen, als plötzlich etwas geschah. Jeff konnte nie erklären, was es genau war, aber aus den Blutergüssen, die er davontrug, schlossen wir, dass das Maultier einen Satz nach vorne gemacht und ihm mit einem seiner Hinterhufe einen tüchtigen Tritt in den Hintern versetzt hatte. Dass es außerdem einen Satz zurückgemacht und ihn mit einem seiner biegsamen Vorderhufe am untersten Knopf seines Wams erwischt hatte, und dass es sich dabei obendrein um seinen elastischen Nacken gedreht und ihm ein Maulvoll Haare ausgerissen hatte. Als Jeff das Bewusstsein wiedererlangte, wagte er die Vermutung, die sicherste Methode, sich einem Maultier zu nähern, sei, sich aus großer Höhe von einem Ballon aus auf das Tier fallen zu lassen.

Ich erwähne diesen kleinen Vorfall nur als Beispiel für die Tatsache, dass es bestimmte Kreaturen gibt, mit denen weiße Männer nach dem Willen des Allmächtigen besser nicht herumalbern. Und du wirst feststellen, dass die menschlichen Varianten solcher Wesen im Allgemeinen nicht die Männer sind, die dich rauh anfassen, wenn du einen Fehler machst, so wie Milligan. Wenn du dagegen auf ungewöhnlich zuvorkommende Herren triffst, die geschmeidiger auftreten, als es für Zweibeiner normal ist, ist höchste Vorsicht geboten.

Ich meine damit nicht, du solltest einem Mann misstrauen, der umgänglich und leutselig ist, aber du solltest lernen, zwischen einem natürlicherweise leutseligen Burschen und jemandem zu unterscheiden, dessen Leutseligkeit zu dick aufgetragen ist. Das Adverb macht den Unterschied zwischen einem guten und einem schlechten Zeitgenossen. Die Trickbetrüger tummeln sich nicht nur auf dem Jahrmarkt und sie arbeiten nicht alle mit dem Hütchenspiel. Wenn ein Fleischpacker alles gelernt hat, was es über Vierbeiner zu wissen gibt, kennt er nur ein Achtel seines Geschäfts. Die anderen sieben Achtel, und das sind die wichtigen sieben Achtel, haben mit dem Studium der Zweibeiner zu tun.

Ich spreche so ausführlich darüber, weil ich ein wenig enttäuscht bin, dass du Milligan so falsch einschätzt. Er ist nicht der intelligenteste Mann im Büro, aber er ist mir und der Firma gegenüber äußerst loyal. Wenn du solange im Geschäft gewesen bist wie ich, dann wirst du Loyalität ziemlich hoch bewerten. Sie ist eines dieser Dinge, die keinen Marktwert besitzen, für die du aber gar nicht genug bezahlen kannst. Mit Geld bringst du jeden dazu, loyal zu sein; aber es gibt nur sehr wenige, die wegen deines guten Rufs zu dir halten. Die Hälfte der Männer, die am Zahltag die Firma preisen, verhält sich an den anderen sechs Tagen illoyal.

Viele junge Burschen kommen auf der Suche nach Arbeit zu mir und erzählen mir, was für miserable Arbeitgeber sie hatten; wie schwierig es war, mit dem Seniorpartner auszukommen, und welch geringe Chancen ein intelligenter, progressiver Angestellter bei ihm hatte. Mit einem Kriecher dieser Güte gebe ich mich im Allgemeinen nicht lange ab, weil ich weiß, dass er, sobald er für uns arbeitet, auch über mich und unsere Firma herziehen wird.

Ich kenne nichts, das ein junger Geschäftsmann so unbedingt für sich selbst behalten sollte wie seine Abneigungen, mit Ausnahme seiner Vorlieben. Im Allgemeinen kommen einen beide teuer zu stehen; sie aber laut zu äußern, ist der Bankrott. Über die Toten soll man nicht schlecht reden, aber noch besser ist es, diese Regel auf die Lebenden anzuwenden, vor allem auf die Firma, die deinen Lohn zahlt.

Noch ein letztes Wort, bevor ich für heute schließe, wie der alte Doc Hoover zu sagen pflegte, wenn sich seine Predigt dem Ende näherte, er aber noch ein gutes Stück vom abschließenden Segensspruch entfernt war. Mir ist aufgefallen, dass du dazu neigst, im Büro ein wenig steif und geschwollen aufzutreten. Es ist natürlich eine gute Sache, die Brust zu schwellen und die Aufmerksamkeit auf seine Hemdbrust zu lenken, wenn ein Mann nicht viel hinter der Stirn hat. Aber da du womöglich beginnst, die Herren kennenzulernen, die etwas geleistet haben, das ihre Bekanntschaft lohnt, wirst du feststellen, dass um ihre Büros herum keine Schilder mit der Aufschrift »Rasen betreten verboten« oder »Vorsicht, bissiger Hund« stehen, und dass sie dem Orchester keinen Wink geben, getragene Musik zu spielen, wenn sie sich anschicken zu sprechen.

Souveränität bewirkt, dass sich jeder Mann dem anderen ebenbürtig fühlt. Sie ist Zuvorkommenheit ohne Herablassung, Umgänglichkeit ohne Vertraulichkeit, Selbstgenügsamkeit ohne Selbstsucht, Einfachheit ohne Abfälligkeit. Sie ist redlich und braucht kein vierfarbiges Etikett, um für sich Werbung zu machen.

Von hier aus fahren wir wieder nach Hause. Ich bin ein wenig enttäuscht über die Ergebnisse dieser Zweigstelle. Pfund für Pfund holt sie nicht annähernd so viel aus ihren Schweinen heraus wie wir in Chicago. Ich weiß nicht, wo die Schwachstelle ist, aber wenn sie im nächsten Monat keine besseren Ergebnisse erzielen, komme ich mit einer Schrotflinte zurück, und dann wird es unter unseren verantwortlichen Männern eine ziemlich hohe Opferquote geben.

Dein dir zugetaner Vater,
JOHN GRAHAM

BRIEF 8

John Graham
von Hot Springs, Arkansas
an
seinen Sohn Pierrepont
in den Union Stock Yards in Chicago

Mr. Pierrepont wurde soeben von der Postbearbeitung in die Rechnungsabteilung befördert. Infolgedessen ist sein Vater ihm gegenüber relativ »milde« gestimmt.

Hot Springs, 15. Januar 189_

Lieber Pierrepont,
sie haben mich hier durch brühendheiße Bottiche gezogen, bis sie mir fast alle Haare vom Balg gelöst haben, aber diese Torturen oder irgendetwas anderes haben meine Gelenke gelockert, sodass sie nicht mehr bei jedem Schritt knarzen. Der Doktor sagt, er werde meinen Rheumatismus in dreißig Tagen heilen, sodass ich davon ausgehe, dass du mich in ungefähr zwei Wochen wieder zu Hause erwarten kannst. Er gehört nämlich zu der Sorte Ärzte, die der Befindlichkeit ihrer Patienten stets zwei Wochen voraus sind, wenn diese arm sind und zwei Wochen hinterherhinken, wenn sie wohlhabend sind. Er bezeich-

net sich selber als Spezialist, was bedeutet, dass es mich jedes Mal zehn Dollar kostet, wenn ich die Zunge herausstrecke, wohingegen ich dem Hausarzt zwei Dollar als Dank für seine Neugier zahlen würde. Aber ich nehme an, dieses Spezialistengeschäft ist der einzige Ausweg, um den Überschuss an jungen Ärzten zu vermarkten.

Das erinnert mich an die Zeit, als sich in unseren Lagern die Corned-Beef-Dosen schneller stapelten als die Menschen essen konnten, und dann brach in Texas eine große Dürre aus und die Konservenarbeiter drängten schneller in die Fleischfabrik, als wir das Fleisch in Dosen abfüllen konnten. Jim Durham versuchte, »den Konsum anzukurbeln«, wie er es ausdrückte, indem er eine hübsche kleine Broschüre mit dem Titel »Hundert leckere Mahlzeiten aus der Dose« herausbrachte, die eine Anleitung enthielt, wie sich das Corned Beef in unterschiedlicher Aufmachung an Familien verkaufen ließ. Aber nachdem er sich zehn verschiedene Kombinationen ausgedacht hatte, stellten sich die anderen neunzig als Corned-Beef-Hack heraus. Damit war diese Maßnahme nutzlos.

Eines Tages setzten wir uns zusammen und ließen ein hübsches, appetitliches Etikett drucken und sparten dabei auch nicht an der Verzierung – das Bild eines fetten Rinds, das so fleischbepackt wirkte, als würden seine Beine ohne Stützen einknicken. Außerdem waren blaue Bänder um seine Hörner gewickelt. Wir verliehen ihm den Namen »Blue Ribbon Beef – für den anspruchsvollen Familienhandel« und verlangten zusätzliche zehn Cent für ein Dutzend Dosen, die dieses Spezialetikett trugen. Natürlich war die Nachfrage groß.

Nichts überzeugt die Menschen so vom Wert einer Sache wie ein wenig Gold und Verzierung auf dem Etikett. Und man kann darauf wetten, dass wenn ein Mann ein sechs- oder siebensilbiges Wort braucht, um seinen Beruf zu beschreiben, man bei einem Blick ins Telefonbuch feststellt, dass er Hühneraugendoktor ist. Und dann findet man ihn im Allgemeinen ganz am Ende des Telefonbuchs, wo sie immer die zweifelhaften Suchworte verstecken.

Das ist aber nicht der Grund, weshalb ich schreibe. Ich möchte dir mitteilen, dass ich mich wirklich sehr gefreut habe, als ich in deinem Brief las, du seist in die Rechnungsabteilung befördert worden. Ich habe schon immer das Gefühl gehabt, dass ein wenig gesunder Menschenverstand übrig bliebe, wenn dir ein wenig Unfug ausgetrieben würde, und ich freue mich, dass dein Boss mein Urteil bestätigt.

Es gibt zwei Dinge, die man nicht von der menschlichen Natur erwarten darf: dass die Worte, welche die Witwe auf den Grabstein des Verblichenen meißeln ließ und mit denen sie versucht, die Nachbarn wider ihr besseres Urteil zu überzeugen, dass ihr Gatte in den Himmel gekommen ist, und die Einschätzung des Vaters über seinen Sohn, den er versucht, zu einem guten Gehalt zu lenken, ungünstig ausfallen.

Mir wurde das auf drastische Weise klar, als ich vor einigen Jahren den Sohn einer Witwe einstellte. Sein Name war Clarence – Clarence St. Clair Hicks. Sein Vater pflegte die Bücher für mich zu führen, wenn er nicht gerade auf die Sieger im Washington Park setzte oder versuchte, die Trefferquote des Schlagmanns der Chicago Cubs richtig zu schätzen. Er war einer dieser schnellen Männer, die in drei Wochen des Monats ihre Bücher stets eine halbe Stunde vor Büroschluss auf den neuesten Stand gebracht hatten und die Abende der vierten Woche damit verbrachten, den acht Cent nachzujagen, die in der Saldenbilanz fehlten. Als er starb, stellte seine Witwe fest, dass seine Lebensversicherung einen Monat zuvor erloschen war und so schleppte sie Clarence in mein Büro und bat mich, ihm eine Arbeit zu geben.

Clarence war nicht gerade ein famoser Junge; tatsächlich wirkte er auf mich wie das Ergebnis einer weiteren faulen Wette seines Vaters. Aber seine Mutter schien sehr große Stücke auf ihn zu halten. Ich erfuhr, dass er in seiner Sonntagsschule die Auszeichnung als bester Rezitierer langer Verse erhalten hätte, hätte die Mutter eines anderen Jungen den Rektor nicht geschmiert, und dass eine Verschwörung der Lehrer seiner Tagesschule verhindert hatte, dass er die Medaille für gutes Betragen erhielt.

Es fiel mir schwer, diese Behauptungen mit Clarence' Gesicht in Einklang zu bringen, aber ich akzeptierte ihn und verwies ihn an den verantwortlichen Laufburschen. Seine Mutter weinte ein wenig, als sie sah, wie dieser ihn mitnahm und bat mich, darauf zu achten, dass er nett behandelt und nicht von den größeren Burschen drangsaliert werde, weil er »wie ein kleines Schoßhündchen aufgewachsen sei«.

An jenem Morgen passierten eine Reihe ungewöhnlicher Dinge im Büro, und der verantwortliche Laufbursche dachte, Clarence wäre womöglich in der Lage, einige von ihnen zu erklären, aber jedes Mal hatte er ein Alibi parat – selbst als der Buchhalter den Tresorraum mit Zigarettenrauch angefüllt und Clarence darin vorfand, der angeblich nach etwas suchte, das er allerdings nicht benennen konnte. Aber da er neu war, wollte niemand hart mit ihm umspringen; also nahmen wir ihm die Zigaretten weg und schickten ihn zurück zur Laufburschenbank, mit der Verwarnung, er habe alle seine Erklärungen verbraucht.

Gegen Mittag traf ein wichtiger Kunde aus Boston mit seinem kleinen Sohn ein – ein hübscher, draller, stallgefütterter Junge in schwarzen Samthosen und einer Haartracht, die ein wenig länger war, als es die Sicherheit in den Stock Yards erlaubte. Während sein Vater und ich über das Geschäft sprachen, wanderte das Kind in Richtung Umkleide, in der die Laufburschen ihr Mittagessen zu sich nahmen, was ein recht unpassender Ort für einen Jungen in Samthosen war.

Soweit wir von dem Jungen namens Willie erfahren konnten, nachdem er seine Schüttelkrämpfe überwunden hatte, waren die Burschen sehr zuvorkommend zu ihm gewesen und hatten ihn eingeladen, an einem neuen Spiel teilzunehmen, das Clarence soeben erfunden hatte und sich Saufänger nannte. Und da Willie der Gast sei, so Clarence, dürfe er das Schwein sein. Willie wusste nicht genau, was es bedeutete, das Schwein zu sein, aber – so erzählte er seinem Vater später – es klang nicht sehr angenehm und er befürchtete, es würde ihm missfallen. Also versuchte er, diese Ehre jemand anderem zu überlassen, aber Clarence bestand darauf, dass es »eine tolle Sache war, das Schwein zu sein«. Und bevor Willie wusste, wie ihm geschah, hatte man ihm ein Seilende um den linken Knöchel geschlungen und das andere Ende über einen hohen Querbalken geworfen, sodass er kopfüber in der Luft hing, während Clarence mit einer Latte als imaginärem Schwert vorgab, ihm die Halsschlagader aufzuschneiden. Das war der Moment seines Schreis, der seinen Vater und mich herbeieilen und die Burschen in alle Richtungen der Stock Yards auseinanderstieben ließ.

Willies Vater stornierte seinen Bologna-Vertrag und stampfte davon, während er Dinge wie »menschenunwürdige Umgebung, in der die Jugend verroht« vor sich hinmurmelte, und

Clarence' Mutter schrieb mir, ich sei ein böser alter Mann, der ihren Gatten sein Leben lang unterdrückt habe und ihrem Sohn nun keine Chance geben wolle. Denn nach diesem kleinen Vorfall hatte ich dem Burschen, der wie ein kleines Schoßhündchen aufgewachsen war, natürlich gesagt, er packe besser seine Sachen und gehe zurück in seine Menagerie.

Ich erwähne Clarence nur so ganz nebenbei als Beispiel, warum ich meinem eigenen Urteil nicht immer vertraue. Es bestätigt sich immer, dass wenn ich eine hohe Meinung von einem meiner Besitztümer habe, es nichts Besseres gibt als die Einschätzung eines anderen Mannes über den konkreten Wert dieses Gegenstands einzuholen, wobei derjenige meist ein Pessimist ist, wenn er kaufen will. Die Lady auf dem Dollarschein ist die einzige Frau, die sich nicht über ihr Aussehen sorgt. Wenn du wirklich die soliden Fakten über eine Sache wissen willst, musst du zuallererst alle Gefühle ablegen.

Ich habe dich Milligan unterstellt, um eine Beurteilung deiner Person aus seinen Augen zu erhalten. Wenn er sagt, dass du gut genug bist, um in der Rechnungsabteilung zu arbeiten und zwölf Dollar die Woche zu verdienen, nehme ich an, dass es daran keinen Zweifel gibt. Denn er ist einer dieser Männer, die nie echte Begeisterung äußern, außer wenn sie jemanden zur Schnecke machen.

Natürlich ist es für mich eine große Befriedigung zu sehen, dass unter dem Tranchiermesser nun ein oder zwei Adern der Geschäftstüchtigkeit zum Vorschein kommen. Denn wenn irgendwann der Zeitpunkt kommt, an dem ich mich aus der Firma zurückziehe, wird es für mich eine große Erleichterung sein zu wissen, dass morgens jemand die Rolläden hochzieht, der meinen Namen trägt.

Junge Männer sind zu einem guten Teil wie die jungen Hunde, welche die Burschen an der Straßenecke verkaufen – sie erweisen sich nicht immer als das, als was sie angepriesen wurden. Du kaufst einen vermeintlichen Setter und ziehst anschließend einen gefleckten Dalmatiner auf, und der vielversprechende Sohn eines bodenständigen Metzgers entpuppt sich am Ende als Dichter oder Professor. Ich möchte übrigens klarstellen, dass ich keine wirklichen Vorurteile gegenüber Dichtern hege. Aber ich glaube, wenn du ein John Milton sein willst, ist es das Beste, ein stummer, ruhmloser Dichter zu sein, wie es ein Bursche einmal ausdrückte, der ein wenig gekränkt über das Poesiegeschäft war.

Natürlich muss ein Fleischpacker, der über die vielseitige Verwendbarkeit von Baumwollsamenöl Bescheid weiß, deswegen keine Speckbestellungen ablehnen. Und ein Vater, der die menschliche Natur kennt, kann einen zukünftigen Pfarrer von einem Burschen unterscheiden, den der Herr für das Board of Trade auserkoren hat. Generell ist es allerdings das Beste, deinem Baumwollsamenöl einen lateinischen Namen zu geben und es um seiner eigenen Vorteile willen zu vermarkten und deinen Sohn seiner eigenen Veranlagung und Neigung folgen zu lassen, selbst wenn ihn das an die Weizenbörse führen sollte.

Wenn ein Bursche dichterische Ambitionen hat, wird sich das früher oder später in der Zeitung oder auf den Straßenbahnen bemerkbar machen. Und je länger man diesen Drang unter Verschluss hält, desto ungestümer bahnt er sich seinen Weg, und desto länger dauert es, bis der Patient genesen ist. Es gibt keinen einfacheren Weg, Torheit zu kurieren, als einem Mann die Erlaubnis zu erteilen, töricht zu sein. Und die einzige Art, einem Burschen zu zeigen, dass er sich für das falsche Geschäft entschieden hat, ist, es ihn ausprobieren zu lassen. Wenn es wirklich das Falsche ist, musst du ihn nicht dazu drängen, es aufzugeben, und wenn es das Richtige ist, hast du kein Recht dazu.

Die Erwähnung von jungen Bullterriern, die sich als Boxer erweisen, erinnert mich an den Fall des Sohnes meines alten Freunds Jeremiah Simpkins. Es gibt keinen solideren Mann im Bostoner Lederhandel als Jeremiah und keinen größeren Strolch, den das Gesetz nicht fassen kann, als sein Sohn Ezra. Es ist nicht eine Unze echter Niedertracht in Ezras gesamtem Körper, aber er ist einfach von Natur aus und unbewusst ein Rebell. Als er die Universität verließ, dachte sein Vater, einige Jahre Erfahrung in der Abteilung für Tierhäute von Graham & Co. könnten ihm nicht schaden, bevor er ins Ledergeschäft einstiege. Also schrieb ich ihm, er solle seinen Sohn herschicken, ich gäbe ihm Arbeit, selbstverständlich annehmend, ich würde eine junge Ausgabe des beständigen, zuverlässigen alten Simpkins erhalten.

Ich fühlte mich ein wenig unbehaglich, als Ezra sich bei mir meldete, weil er einfach nicht so aussah, als sei er zum Ledergeschäft berufen. Er war ein hoch aufgeschossener, schlanker Neuengländer mit einer dieser vorstehenden Stirnpartien, die durch ein überfülltes Gehirn oder einen Dickschädel vorgewölbt sind – je nachdem, ob man den Mann mag oder nicht. Sein Auftreten war ungezwungen, um nicht zu sagen vertraulich. Er teilte mir gleich zu Beginn mit, er wisse zwar nicht genau, was er im Leben machen wolle, aber er sei todsicher, dass es nicht das Ledergeschäft sei. Es schien, als habe Ezra seinem Vater dasselbe gesagt und der alte Mann habe geantwortet:

»Schsch!« und ihn aufgefordert, das zu vergessen und zu lernen, wie man Tierhäute gerbt.

Der junge Simpkins lernte in dreißig Tagen alles, was er über die Verpackungsindustrie wissen wollte, und ich erfuhr in derselben Zeit alles, was ich über Ezra wissen wollte. Die Verpackung von Schweinefleisch schien das Einzige zu sein, an dem er kein Interesse hatte. Eines Tages erhielt ich seine Kündigung genau fünf Minuten, bevor ich meine Kündigung für ihn fertiggeschrieben hatte. Ich muss Simpkins gegenüber Gerechtigkeit walten lassen, dass er keineswegs langsam war. Er und sein Vater überwarfen sich eine Zeit lang über diese Angelegenheit, und natürlich kostete es mich das Geschäft und die Freundschaft des alten Mannes. Ich möchte an dieser Stelle klarstellen, dass der leichteste Weg, um sich auf dieser Welt Feinde zu machen, darin besteht, Freunde einzustellen.

Dann verlor ich den jungen Simpkins eine Zeit lang aus den Augen, bis er eines Morgens so freundlich und vertraulich wie immer in meinem Büro auftauchte. Er sagte, er sei Reporter und wolle mich über das Dezembergeschäft mit Weizen befragen. Natürlich hatte ich nicht vor, mich darüber zu äußern, aber ich erteilte ihm einige väterliche Ratschläge und sagte ihm, er würde sein Leben lang in einer engen Kemenate schlafen, wenn er seine Torheit nicht aufgäbe und zu seinem Vater zurückkehre, auch wenn ich nicht wirklich daran glaubte. Ezra dankte mir, ging und schrieb eine Kolumne darüber, was ich über das Dezembergeschäft mit Weizen hätte sagen können, wenn ich denn gewollt hätte, und schaffte es, mir irgendwie den Eindruck zu vermitteln, als habe ich es tatsächlich gesagt.

Das Nächste, was ich von Ezra hörte, war, dass er tot sei. Die Depeschen der Associated Press berichteten es, die kubanische

Junta bestätigte es und schließlich schilderte eine lange Depesche aus der Feder desselben Simpkins die genauen Umstände, unter denen sich das »Gräuel« ereignet hatte, wie die Schlagzeile seiner Zeitung es nannte.

Ich erhielt ein langes Telegramm von Ezras Vater, der mich bat, mit dem Chefredakteur zu sprechen und die wahren Begebenheiten herauszufinden. Es schien, als habe die Zeitung eine sehr hohe Meinung vom jungen Simpkins gehabt und ihn als Korrespondent nach Kuba entsandt, um ihn bei den Aufständischen zu stationieren. Offensichtlich hatte Ezra in Kuba der Reputation des Simpkins in Chicago alle Ehre gemacht. Wenn es Neuigkeiten gab, sandte er sie an seine Zeitung, und wenn es keine gab, erfand er sie und schickte sie ebenfalls.

Das erste Gerücht über seinen Tod stammte aus seinem eigenen Brief, der mit einem Filibuster-Dampfschiff herüberkam und von Jacksonville per Telegramm in Chicago eintraf. Ezra schilderte mit Liebe zum Detail – etwas, das er lernte, nachdem er meine Firma verlassen hatte –, wie er sich von der kleinen Gruppe von Aufständischen entfernt hatte und mitten in die spanischen Linien geraten war. Prompt sei er gefangengenommen worden und trotz seiner Papiere, die ihn als amerikanischen Staatsbürger auswiesen sowie der Natur seiner Arbeit und des Roten Kreuzes auf seinem Ärmel, sei er von einem militärischen Standgericht zum Tod durch Erschießen im Morgengrauen verurteilt worden.

All das hatte Ezra selber aufgeschrieben; zur Vervollständigung seiner Schilderung hatte er sich sogar seine eigene Hinrichtung ausgedacht. Diese war in einer Art Pigeon-Englisch verfasst, oder vielleicht sollte man es eine Mischung aus von Schwarzen gesprochenem Spanisch und Englisch bezeichnen, und wurde als Bericht eines Augenzeugen präsentiert, dem Simpkins sein Schreiben anvertraut hatte. Er sei der Aufseher über den Gefangenen gewesen, der gegen ein kleines Schmiergeld auf die Hand und das Versprechen einer größeren Summe von der Zeitung Simpkins den Rücken gekehrt hatte, während dieser seine Geschichte aufschrieb, und anschließend sei er zu den kubanischen Truppen übergelaufen und habe ihnen den Brief übergeben.

Die Schilderung endete mit den Worten: »Dann, als der Leutnant den Schießbefehl gab, richtete Señor Simpkins den Blick gen Himmel und rief: ›Ich protestiere im Namen meiner amerikanischen Staatsbürgerschaft.‹« Am Ende des Briefes und nicht zur Veröffentlichung gedacht, stand hingekritzelt: »Dies ist eine echte Sensationsgeschichte für euch, Jungs, aber für mich ist sie ziemlich hart. Goodbye, Simpkins.«

Der Chefredakteur verdrückte eine Träne, als er mir den Brief vorlas und schluckte vernehmlich, als er sagte: »Ich kann mir nicht helfen, er war so ein verdammt umsichtiger Bursche. Er hat sogar daran gedacht, Beschreibungen für die begleitenden Abbildungen hinzuzufügen!«

Ezras letzte Story bedeckte die gesamte Titelseite und drei Spalten der zweiten Seite und diese Ausgabe fand selbstverständlich reißenden Absatz. Sein Verleger verlangte vom Außenministerium, sich in diese Angelegenheit einzuschalten, wenngleich die Spanier die Hinrichtung und jede Kenntnis einer Person namens Señor Simpkins verneinten. Das ergab natürlich Stoff für einen weiteren ganzseitigen Zeitungsartikel und anschließend wurde eine Gedenkmesse abgehalten, die einen weiteren dreispaltigen Bericht ergab. Einer dieser Burschen, die gerne im Büro herumgehen und aus den Mitarbeitern das Mittagessengeld herausleiern, um Blumen für die verstorbene Tante der Gattin des Kellerverwalters zu kaufen, schaffte es, unter unseren Angestellten zwanzig Dollar einzusammeln. Dafür wurde ein blumenverziertes Notizbuch als »Tribut« an den Verstorbenen erstanden, auf dessen Deckel die in blauen Papierblumen gewundene Inschrift prangte: »Gestorben für die Presse.«

Aus Respekt für Ezras Vater setzte ich einen Zylinderhut auf und nahm an der Totenmesse teil. Kaum war ich jedoch zurück im Büro, erhielt ich ein Telegramm aus Jamaika, in dem es hieß: »Telegrafieren Sie hiesigem Korrespondenten, dass er mir hundert schicken soll. Benachrichtigen Sie Vater, dass alles erfunden ist. Sagen Sie niemandem etwas. Simpkins.«

Ich sagte niemandem etwas und Ezra kehrte schrittweise und ohne großen Staub aufzuwirbeln unter die Lebenden zurück. Es gelang ihm, den Eindruck zu verbreiten, ein Retter habe ihn im letzten Moment den Klauen des Todes entwunden. Das Letzte, was ich von ihm hörte, war, dass er in New York lebte und zehntausend im Jahr verdiente; das war mehr, als er in einem Jahrhundert in der Lederindustrie hätte einnehmen können.

Vor fünfzig oder hundert Jahren, als man mit Dichtkunst noch gutes Geld erwirtschaften konnte, wäre ein Mann von Ezras Fantasie naturgemäß ein Barde gewesen, wie sie meines Wissens die Besten dieser Gattung nannten. Sobald er selber über sich entscheiden durfte, wählte er instinktiv das Geschäft aus, in dem er sein poetisches Talent am besten entfalten konnte und kam groß raus.

Wenn ein junger Hund dazu geboren ist, Rebhühner aufzuspüren, hat es keinen Zweck, mit ihm auf Fuchsjagd zu gehen.

Ich war zunächst ein wenig unsicher, was dich betrifft, aber ich glaube, der Herr wollte, dass du mit der Meute jagst. Präge dir den Fährtengeruch ein und mach dir nicht zu viele Sorgen über das Ende der Jagd. Der Spaß liegt im Jagen, nicht im Ergebnis.

Dein dir zugetaner Vater,
John Graham

BRIEF 9

John Graham
von Hot Springs, Arkansas
an
seinen Sohn Pierrepont
in den Union Stock Yards in Chicago

Mr. Pierrepont hat umfangreicher in Rosen investiert, als es sein Vater im Hinblick auf seine Mittel für angemessen hält, und nun versucht dieser, Mr. Pierreponts Aufmerksamkeit stattdessen auf Grundnahrungsmittel zu richten.

Hot Springs, 30. Januar 189_

Lieber Pierrepont,
ich wusste sogleich, dass ich einen Fehler gemacht hatte, als ich den beigefügten Umschlag öffnete und sah, dass es sich um eine Rechnung über zweiundfünfzig Dollar »für den Auftrag, einen Rosenstrauß an Miss Mabel Dashkam zu senden« handelte. Ich bin mir nicht sicher, ob ich Miss Dashkam kenne, aber falls sie die Tochter des alten Job Dashkam vom Board ist, würde ich sagen, dass am besten jemand anderes sie heiratet. Als ich sie das letzte Mal sah, trug sie, so wie sie dastand, gut zehntausend Dollar am Leib – vorausgesetzt, ihre Diamanten waren

echt –, und das ist weitaus mehr Kapital, als irgendeine Frau berechtigterweise um den Hals tragen sollte, egal wie reich ihr Vater ist. Zudem ist Jobs Vermögen von der Sorte, das laut Presseberichten eine Million beträgt, seinen Erben aber Schulden bei den Rechtsanwälten bescheren wird, die seinen Nachlass regeln.

Ich habe zwar nie viel Erfahrung in dem aufregenden Geschäft der Brautwerbung erworben, außer mit deiner Mutter, aber ich habe von der anderen Seite des Zauns zugesehen, wie es die anderen machten, und ich kann sagen, dass die Heirat mit einer Frau wie Mabel Dashkam der erste Schritt zu einem Dasein als Strohwitwer wäre. Wenn du ihr sagst, dass du zwölf Dollar die Woche verdienst und auch nicht mehr bekommen wirst, bis du es dir redlich erarbeitet hast, wette ich, du wirst feststellen, dass du nicht einmal mit einem Eisbrecher aus den Soo-Schleusen auf eine Meile an sie herankommst. Sie ist eine dieser Frauen, deren Herz wie ein Aktienticker sind – es schlägt für nichts außer Geld.

Natürlich bist du derzeit noch weit davon entfernt, dich überhaupt verloben zu können, und aus diesem Grund habe ich die leise Befürchtung, dass du womöglich deine Vermählung planst. Ein Büroarbeiter, der zwölf Dollar verdient und zweiundfünfzig Dollar für Rosen schuldet, braucht eher einen Aufpasser als eine Frau. Ich möchte an dieser Stelle sagen, dass immer eine Zeit kommt, wenn der Bursche, der zweiundfünfzig Dollar für Rosen hinausgeschmissen hat, an die vielen Nahrungsmittel denkt, die er mit dem Geld hätte kaufen können. Aber schließlich gibt es keinen Tor wie einen jungen Tor, weil es in der Natur der Sache liegt, dass er eine lange Zeit zu leben hat.

Ich nehme an, dass es vergebliche Liebesmüh ist, wenn ich dich bitte, dich in dieser Angelegenheit von meinem Urteil leiten zu lassen, weil ein junger Mann seinen Vater zwar bei einem Rosskauf um Rat bittet, aber hundertprozentig von sich überzeugt ist, wenn es um die Auswahl einer Ehefrau geht. Hochzeiten werden im Himmel geschlossen, aber die meisten Verlobungen werden im Hinterhof bei so schwachem Licht eingegangen, dass ein Mann oft nicht richtig sieht, was er sich einhandelt. Zwar bekommt er in der Werbephase die Familie seiner Auserwählten nicht viel zu Gesicht, aber ganz sicher wird er diese Menschen oft sehen, wenn er erst einmal einen Hausstand gegründet hat.

Und wenngleich er nicht den Vater seiner Gattin heiratet, hindert nichts am Eheschwur diesen daran, sich von seinem Schwiegersohn Geld zu leihen, und du kannst darauf wetten, dass er es tun wird, wenn dein Schwiegervater Job Dashkam heißt. Ein Mann kann sich seine Mutter nicht aussuchen, aber die Mutter seines Sohnes schon. Und wenn er einen Schwiegervater auswählt, der an der Winkelbörse spekuliert, muss er sich nicht wundern, wenn sein Sohn bei Pferderennen wettet.

Heirate nie ein armes Mädchen, das wie ein reiches aufgezogen wurde. Sie hat einfach die Tugenden der Armen für die Laster der Reichen eingetauscht, ohne sich deren gute Seiten anzueignen. Aus Gründen des Geldes oder ohne Geld zu heiraten, ist beides ein Verbrechen. Es gibt keine wirklichen Einwände gegen eine Heirat mit einer vermögenden Fau, aber es gibt viele Einwände gegen die Heirat eines Vermögens, an dem eine Frau dranhängt. Geld zieht Frauen magisch an und führt oft dazu, dass sie die *Grande Dame* herauskehren; es sei denn, sie stamme selber aus einer vermögenden Familie und du führtest sie an der kurzen Leine.

Wo wir gerade beim Thema sind: Es gibt nichts wie die Auswahl einer attraktiven Ehefrau, denn selbst die hübscheste Frau wirkt gelegentlich hausbacken und reizlos, und so hast du ein wenig Abwechslung. Eine unscheinbare, reizlose Frau kann aber nur noch reizloser als ohnehin schon aussehen. Äußere Schönheit ist zwar oberflächlich, aber sie reicht tief genug, um einen vernünftigen Mann zufriedenzustellen. (Ich möchte an dieser Stelle sagen, dass ich Sprichwörter meist auf den Kopf stellen muss, um irgendeinen Sinn darin zu erkennen.) Außerdem, falls ein Mann ein törichtes Weib heiratet – und viele Männer müssen das, wenn sie ein Teil eines gut zueinander passenden Paares werden wollen –, gibt es nichts Besseres als die Heirat mit einer hübschen Närrin.

Ich erwähne diese Dinge nur ganz allgemein, weil mir anhand der Gangart, der du dich befleißigst, scheint, dass du dich wahrscheinlich bald im Lasso gefangen und mit dem Brandzeichen markiert sehen wirst, ohne genau zu wissen, wie es dazu kommen konnte. Und du solltest wissen, dass das Mädchen, das dich wegen meines Geldes heiratet, in mehrerer Hinsicht ein Bündel Falschgeld erhält. Ich denke jedoch, wenn du wirklich verstanden hättest, was eine Eheschließung mit zwölf Dollar die Woche bedeutet, dann hättest du mit diesen zweiundfünfzig Dollar, die du schuldest, eine Schlafzimmergarnitur erworben, anstelle eines Rosensträußes.

Wo wir gerade darüber sprechen, das Geld des alten Herrn zu heiraten, fällt mir naturgemäß meine alte Heimatstadt in Missouri und der Fall Chauncey Witherspoon Hoskins ein. Chaunceys Vater gehörte der ganze Ort, mit Ausnahme des Bahnhofes und des Saloons; und natürlich hielt sich Chauncey für einen echten Schnösel. Das war er auch, aber nicht in dem

Sinne, wie er selber dachte. Mit Schuhen war er knapp über ein Meter sechzig groß und hatte eine hübsche, rosige Gesichtsfarbe, stark gewelltes Haar und einen krausen Schnurrbart. Alles, was ihm fehlte, war ein blaues Band um den Hals, damit man versucht war, »hierher, Fido« zu rufen, wenn er in den Raum trat.

Allerdings glaube ich, dass Chauncey bei den Damen recht begehrt war, denn ich kann bis heute nicht an ihn denken, ohne ihm eins auf den Kopf geben zu wollen. Bei den Kirchenveranstaltungen hüpfte er zwischen ihnen herum und trällerte und zirpte wie ein Piepmatz, der Samenkörner aufpickt. Außerdem konnte er sehr gut Klavier spielen und ihnen melancholisch-romantische Lieder vorsingen. Stets fand er ganz selbstverständlich schmeichelnde Worte. Niemals musste Chauncey verlegen husten und schlucken; nie trat er auf das Kleid seiner Tanzpartnerin oder zitterte nervös, wenn er ihr eine Erfrischung brachte, und nie goss er ihr den Kaffee in den Schoß, statt in die Tasse. Wir anderen Burschen, die wir nicht die Tanzfläche überqueren konnten, ohne das Gefühl zu haben, unsere Hosenbeine rutschten nach oben, bis sie die Knie freilegten und trügen zwei in Leintücher eingewickelte Schinken an der Stelle, an der sich unsere Hände befinden sollten, konnten ihn nicht ausstehen. Doch die Mädchen mochten ihn. Du kannst dem Geschmack einer Frau bei allem vertrauen, nur nicht, was Männer angeht. Und es ist ein großes Glück, dass sie sich dabei irren, denn sonst wären wir alle Junggesellen. Ich muss allerdings dazu sagen, dass man, was Frauen betrifft, dem Geschmack eines Mannes ebenfalls nicht trauen kann, und auch das ist ein großes Glück, denn es gibt ohnehin schon genug alte Jungfern.

Früher oder später lungerte Chauncey im Salon eines jeden Hauses in unserer Stadt herum und wir fragten uns, wie er es schaffte, auf allen Weiden zu grasen, ohne je in den Stall abgeführt zu werden. Das fand ich erst heraus, als ich deine Mutter heiratete und sie mir Chaunceys bestgehütetes Geheimnis verriet. Damit beging sie keinerlei Indiskretion, denn er erzählte es jedem Mädchen in der Stadt.

Es scheint, als sei er stets furchtbar traurig geworden, sobald er mit einem Mädchen allein gelassen wurde und habe Andeutungen über eine Tragödie in seiner Vergangenheit gemacht – etwas, das sein gesamtes Leben zerstört und ihm die Kraft geraubt habe, jemals wieder zu lieben – und noch viel mehr Schmalz aus dem gleichen Trog.

Natürlich kannte jedes Mädchen in der Stadt Chauncey seit Kindertagen und hätte wissen müssen, dass die größte Tragödie, die er je erlebt hatte, ein Besuch eines Theaters in Chicago war, wo er vom besten Logenplatz aus zusehen musste, wie sich eine Horde Wanderschauspieler an Othello versuchte. Aber einige Leute, und vor allem sehr junge Menschen, glauben an nichts, außer es ist unglaubwürdig.

Chauncey setzte seine Masche fort, bis er vierundzwanzig war, und dann machte er einen Fehler. Die meisten Mädchen, mit denen er aufgewachsen war, hatten inzwischen geheiratet, und während er darauf wartete, dass eine neue Generation heranwuchs, begann er, der Witwe Sharpless schöne Augen zu machen – eine resolute, gut erhaltene Vierzigerin, die mit allen Wassern gewaschen war. Er fand sie außergewöhnlich charmant. Und als Chauncey schließlich aus seinem Trancezustand erwachte, war er der Stiefvater ihrer vier Kinder.

Sie war äußerst liebenswürdig zu Chauncey und behandelte ihn wie einen ihrer Söhne, aber sie war sehr, sehr willensstark. Schluss mit galanten Besuchen ohne ihr Beisein, und wenn sie gemeinsam ausgingen, ärgerte er sich gehörig über Fremde, die ihm den Kopf tätschelten und zu seiner Frau sagten: »Was für ein clever wirkender Bursche Ihr Sohn doch ist, Mrs. Hoskins!«

Als Chauncey sie vor einiger Zeit zu Grabe trug, war sie fast siebzig, und es heißt, bereits auf dem Weg vom Begräbnis nach Hause habe er diverse junge Damen in Augenschein genommen. Jedenfalls verkürzte er die Trauerzeit auf sechzig Tage – und ich nehme an, so hatte er mehr als genug Zeit, um seinen Schmerz zu überwinden – und nutzte weitere sechzig Tage zur Brautwerbung. Vier Monate später präsentierte er seine Hochzeitspapiere. Seinen Worten zufolge war er diese Mutter-Sohn-Torheit leid und würde dieses Mal keine Zweifel dulden. Nie wieder ließe er zu, dass die Leute seine Frau für einen seiner Vorfahren hielten. Und so heiratete er Lulu Littlebrown, die gerade achtzehn geworden war. Chauncey war damals über fünfzig und schrumpelig wie ein später Apfel nach einer verfrühten Frostnacht.

Seine Hochzeitsreise mit Lu machte er nach Chicago, und Mose Greenebaum, der zufällig aufgrund seiner Herbstware ebenfalls dorthin unterwegs war, saß mit ihnen im selben Salonwagen. Irgendwann kam der Schlafwagenschaffner und hielt vor Chauncey an.

»Möchte Ihre Tochter vielleicht ein Kopfkissen?«, fragte er.

Chauncey stöhnte nur. »Verdammter Schwachkopf; senegambischer Sohn der Dunkelheit!«

Mose hatte das alles mitbekommen und begab sich in den Raucherwagen, um die Geschichte den Handelsreisenden zu erzählen. Daraufhin tauchte alle Nase lang einer von ihnen bei Chauncey auf und fragte, ob er seiner Tochter eine Zeitschrift leihen, ihr eine Orange schenken oder ihr ein Getränk bringen könne. Die Worte, mit denen er jedem von ihnen auf ihre zuvorkommenden Angebote antwortete, ziemten sich keineswegs für einen Bräutigam. Dann kam Mose eine andere witzige Idee und er nutzte einen kurzen Halt an einem Zwischenbahnhof, um dem Rezeptionisten des Palmer House ein Telegramm zu senden.

Als sie im Hotel ankamen, erwartete der Rezeptionist sie bereits und Chauncey hatte sich kaum ins Gästebuch eingetragen, als sich der Hotelangestellte über den Empfangstresen beugte und frage: »Ach, Mr. Hoskins, möchten Sie Ihre Tochter gerne in Ihrer Nähe haben?«

Ich erwähne Chauncey nur ganz nebenbei als Beispiel für die Torheit zu glauben, du könntest Risiken mit einer Frau eingehen, die fest entschlossen ist zu heiraten, oder du könntest eine verkehrte Eheentscheidung wieder ausbügeln. Und ich möchte dich daran erinnern, dass die Heirat mit der falschen Frau der eine Fehler ist, mit dem du dein ganzes Leben verbringen musst. Ich denke jedoch, wenn du Mabel über deine wahre Vermögenssituation aufklärst, wird sie von sich aus beschließen, dass sie nicht deine Fehlentscheidung sein wird.

Dein dir zugetaner Vater,
John Graham

BRIEF 10

John Graham
von den Union Stock Yards in Chicago
an
seinen Sohn Pierrepont
im Commercial House, Jeffersonville, Indiana

Mr. Pierrepont wurde soeben zum Handelsvertreter befördert und hat sich auf Reisen begeben.

Chicago, 1. März 189_

Lieber Pierrepont,
als ich gestern sah, wie du dich auf den Weg machtest, fühlte ich mich ein wenig unbehaglich, denn du wirktest so verdammt wichtigtuerisch und eingebildet, dass ich befürchte, du wirst dem ersten Kunden, der erwidert, er möge unsere Würste nicht, sagen, er wisse, was er dagegen tun könne. Schlagfertigkeit macht die Lektüre unterhaltsam, aber ist schlecht fürs Geschäft. Und was die Firma braucht, sind mehr Aufträge.

Wurst ist das eine Thema unter allen, die ein Mann in der Fleischverarbeitung mit dem gebotenen Ernst behandeln sollte. Die Hälfte der Menschheit nimmt einen Scherz auf Anhieb ernst und die andere Hälfte, wenn du ihn oft genug wiederholst. Erst letzte Woche schickte der Leiter unserer Wurstabteilung sich an, eine Sorte Frankfurter mit Blechmarke auf den Markt zu bringen, aber ich habe sie unverzüglich wieder einkassiert, weil ich wusste, dass der erste Narr, der die Blechmarken sieht, fragen würde, ob das die Wurstmarke sei – so wie Hunde eine Hundemarke tragen. Zwar würden die Leute zunächst ein wenig schmunzeln, aber nach einer Weile nähmen sie es ernst. Und immer, wenn der Metzger versuchen würde, ihnen unsere Marke zu verkaufen, würden sie im Geiste ein Bellen hören und nach »dieser echten Landwurst« fragen, die das Pfund doppelt so viel kostet.

Im Umgang mit der Öffentlichkeit lacht derjenige am besten, der überhaupt nicht lacht. Nach meiner Erfahrung wird ein Mann, selbst wenn er Sinn für Humor hat, am Ende nur auf Kosten eines anderen in das allgemeine Gelächter einstimmen. Es gibt nichts auf der Welt, das schlimmer wirkt, als das schiefe Grinsen eines Mannes, der versucht, herzlich einzustimmen, wenn andere ihn auslachen und auch noch vorzugeben, er habe seinen Spaß daran.

Wo wir gerade von Wurst mit eingetragenem Pedigree sprechen, muss ich an eine kleine Anekdote aus dem vergangenen Jahr denken. Da kam ein Mann in mein Büro mit einem hutzeligen Mini-Spaniel, einer dieser kraushaarigen kleinen Kreaturen, die Frauen so gerne küssen, um sich anschließend darüber zu beschweren, dass der Schnurrbart eines Mannes sie an der Wange kitzelt. Er sagte, er wolle ihn verkaufen. Ich war eigentlich nicht bereit, meine Probleme um einen Hund zu ergänzen, aber ich fragte ihn ganz allgemein, wie viel er für diesen kleinen Nichtsnutz haben wolle.

Der Bursche hüstelte und stammelte und wischte sich eine Träne weg. Schließlich stieß er hervor, er liebe diesen Hund wie einen leiblichen Sohn und der Gedanke, sich von ihm trennen zu müssen, breche ihm das Herz. Dass er es nicht wage, Dandy ins Gesicht zu blicken, nachdem er den Preis genannt habe, den er für ihn verlange, und dass es der billigste Notverkauf eines Hundes und ein immenses Opfer sei und er gar nicht so sehr am Geld als vielmehr daran interessiert sei, ein gutes Zuhause für das kleine Kerlchen zu finden. Er fuhr fort, ich hätte so ein freundliches Gesicht und er wisse, dass er darauf vertrauen könne, dass ich Dandy gut behandeln würde. Und daher überließe er ihn mir – quasi als Geschenk – für fünfhundert.

»Cent?«, fragte ich.

»Dollar«, antwortete er, ohne mit der Wimper zu zucken.

»Für den Preis sollte es ein Mastiff sein«, erwiderte ich.

»Wenn Sie mehr auf Qualität achteten«, sagte er in einem Ton würdiger Indigniertheit, »und weniger auf Quantität, genösse Ihre Marke einen besseren Ruf.«

Ich kann dir sagen, das brachte mich ziemlich auf die Palme, aber da ich eine Angriffsfläche geboten hatte, beschränkte ich mich darauf zu antworten: »Das Wurstgeschäft ist zu arm, als dass es für Leichtgewichte einen derartigen Preis zahlen könnte. Bringen Sie mir einen größeren Hund, und dann können wir darüber sprechen.« Aber der Bursche schüttelte nur den Kopf, pfiff nach Dandy und ging davon.

Ich erwähne diesen kleinen Vorfall nur als Beispiel für die Tatsache, dass wenn ein Mann im Mittelalter einen Scherz macht, dieser durchaus Auswirkungen auf den Wurstmarkt im 19. Jahrhundert haben und einen ehrlichen Metzger dem Spott jedes Hundediebs auf der Straße aussetzen kann. Man kann einen Scherz auch zu weit treiben, und der Mann, der sich an dem Glauben festkrallt, er bezahle für Schweinefleisch, wenn man ihm tatsächlich Hundefleisch andreht, wird am Ende wahrscheinlich Hund bekommen.

Aber all das beiseite, ich möchte, dass du dir von Anfang an einprägst, dass diese Reise lediglich ein Experiment ist und ich keineswegs sicher bin, dass der Herr dich zum Handelsreisenden auserkoren hat. Aber eines ist sicher: Du wirst nie der Stolz des Hauses werden, wenn du versuchst, Pirouetten zu drehen, bevor du sicher auf deinen Schlittschuhen stehst.

Ein echter Verkäufer besteht zu einem Teil aus verbaler Überzeugungsarbeit und zu neun Teilen aus scharfem Urteilsvermögen. Und das setzt er ein, um zu bestimmen, wann er seine verbale Überzeugungskraft anwenden muss. Waren werden heute nicht mehr nach den Queensberry-Regeln verkauft, und du wirst feststellen, dass das Wissen, wie viele Runden der alte Mann gegen den Kesselschmied durchhält, dir nicht dabei helfen wird, unsere maisgefütterten Markenschinken an den Mann zu bringen.

Viele Verkäufer meinen, ihre Käufer seien nur an Baseball, lustigen Anekdoten und Tom Lipton interessiert und das Geschäft sei für sie nur Nebensache. Tatsache ist allerdings, dass sich nur sehr wenige in die Position des Einkäufers hocharbeiten, indem sie ihre Arbeitszeit damit verbringen, sich lustige Anekdoten anzuhören. Ich habe nie einen Einkäufer kennengelernt, dem die Witze von Handelsvertretern besser gefielen als ein Achtel eines Cents pro Pfund Speck. Der Grund, warum die Firma dich hinausgeschickt hat, ist, dass du Aufträge hereinholst.

Selbstverständlich willst du liebenswürdig und umgänglich mit deinen Handelspartnern umgehen, aber vergiss nie, dass übertriebene Liebenswürdigkeit leicht hohl und schal wirkt. Einige Männer kannst du mit billigen Zigarren kaufen, andere mit billigen Komplimenten. Es gibt keine Einwände dagegen, seinem Gegenüber das zu geben, was ihm gefällt. Aber ich wüsste nicht, was Rauch an Gutem bewirkt, es sei denn, es handele sich um Schinken, oder inwieweit anbiedernde Schmeicheleien weiterhelfen, außer bei dem Vorhaben, sich selber zum Narren zu machen.

Ernsthafte Käufer sind an nicht viel mehr interessiert als an deiner Ware und ihrem Preis. Mache nie die Marke der Konkurrenz schlecht und lass umgekehrt nicht zu, dass sie deine Ware abwerten. Bettele nicht auf Knien um einen Auftrag, aber trage auch die Nase nicht so hoch, dass ein Auftrag darunter vorbeiziehen kann, ohne dass du ihn bemerkst. Du wirst unterwegs einige Leute kennenlernen, die dir missfallen, aber die Firma braucht ihr Geschäft.

Einige Männer werden dir sagen, dass wir unser mit Trockensalz gepökeltes Fleisch vor dem Transport in Lake ziehen lassen und es anschließend einläuft wie der schurwollene Anzug eines jüdischen Schneiders aus der Baxter Street nach einem tüchtigen Regenguss. Dass sie sich fragen, wie wir es schaffen, zähe Knorpel in Zwei-Pfund-Dosen zu verpacken, ohne dass auch nur das kleinste Stückchen Fleisch daran hängt. Und dass der zuletzt gelieferte Speck so hart war, dass jeder Einzelhändler, an den sie ihn weiterverkauft hätten, diesen wieder zurückgesandt habe.

Der Erste lügt, der Zweite übertreibt und der Dritte sagt vielleicht die Wahrheit. Mit ihm musst du dich auf der Stelle einigen; aber denke immer daran, dass ein Mann, der etwas reklamiert, den Wert seiner Beschwerde nie zu niedrig ansetzt und du dich normalerweise mit ihm auf einen Kompromiss einigen kannst, der unter der erstgenannten Summe liegt. Mit dem Zweiten musst du Mitgefühl zeigen und ihm versichern, dass du die Angelegenheit an die Unternehmensführung berichten wirst und der Leiter der Konservierungsabteilung herbeizitiert werden wird, um das Versprechen zu leisten, dass das nie wieder vorkommt. Mit dem Ersten brauchst du dich gar nicht zu beschäftigen. Es hat keinen Zweck, teures »Hühnerfutter« an einen alten Dominick (amerikanische Hühnerrasse, A.d.Ü.) zu verschwenden, der nur Eier schlürft. Wahrscheinlich wog die Lieferung weitaus mehr als in Rechnung gestellt wurde, und der Bursche hat die Schinken selber literweise in billige Lake eingelegt, bevor er sie weiterverkauft hat.

Am Anfang wirst du dich schwertun, zu bestimmen, welche Reklamationen berechtigt und welche ein Schwindel sind, aber wenn du das nicht recht schnell lernst, wirst du nicht lange für die Firma auf Reisen gehen. Damit du zufrieden bist, nenne ich dir hier die Kriterien, anhand derer du selber bestimmen kannst, ob du dich zu einem erfolgreichen Handelsvertreter mauserst. Sie lauten wie folgt:

> Erstens – wenn du uns Aufträge sendest.
> Zweitens – wenn du uns mehr Aufträge sendest.
> Drittens – wenn du Großaufträge sendest.

Wenn du das tust, wirst du nicht viel Zeit haben, lange Berichte zu schreiben, und wir werden keine Zeit haben, sie zu lesen, da wir sehr damit beschäftigt sein werden, die bestellten Waren herzustellen und auszuliefern. Wir sind nicht besonders an Aufträgen interessiert, die deine Konkurrenten erhalten, und wir wollen auch nicht erfahren, wie das passieren konnte, nachdem es geschehen ist. Wenn dir das Leben auf Reisen gefällt, dann wirst du einfach nicht zulassen, dass es vorkommt. Also sende uns einfach jeden Tag deine Adresse und deine Aufträge. Sie werden uns alles mitteilen, was wir über »die Situation« wissen wollen.

Ich wurde bereits in sehr jungen Jahren davon geheilt, der Firma Berichte zu senden. Tatsächlich war das gleich auf meiner ersten Handelsreise. Ich war von Chicago aus für Hammer & Hawkins, Herrenausstatter, Großhändler für Kurzwaren und Nähzubehör, unterwegs und zwar auf der Südroute von Illinois in der Nähe von Cairo, entlang des Mississippi.

Ich war gerade in der ersten Kleinstadt angekommen und hatte eine erste Einschätzung über die Bevölkerung getroffen, als sich eine große Zufriedenheit in mir breitmachte, weil ich nach meiner Feststellung dort ein gutes Geschäft machen würde. Es schien, als brauche buchstäblich jeder Einwohner dieser Kleinstadt irgendeinen Artikel aus meinem Sortiment. Der Rezeptionist des Hotels, in dem ich mich einmietete, trug eine Hemdbrust und seine Manschetten waren mit einer Schnur, die durch die Ärmel lief, an seinem Kragen befestigt. Die meisten Händler in der Hauptstraße waren in Hemdsärmeln – zumindest diejenigen, die Hemden trugen –, und soweit ich es beurteilen konnte, trug niemand Hosenträger. Einige verwendeten Draht, um ihre Hosen zusammenzuhalten, andere eine schmale Schnur und andere Vertrauen in Gott – extra gut festgezurrt. Mehlsäcke der Marke Stolz der Prärie XXX schienen in der Herrenbekleidung das Höchste an Eleganz zu sein. Im Großen und Ganzen hatte es den Anschein, als gäbe es keine zweite Kleinstadt, die einen derartigen Bedarf an Kurzwaren, Herrenausstattung und Nähzubehör hatte wie diese.

Als ich den Besitzer der örtlichen Gemischtwarenhandlung während eines kurzen Nachfragetiefs nach dem Tabak der Marke Navy Plug zu fassen bekam, würdigte dieser meinen Musterkatalog keines Blickes, und als ich andeutete, die Bewohner dieses Ortes seien ziemlich nachlässig gekleidet, erwiderte er, dass er mir eine verpassen würde, wäre ich nicht so jung. Er wollte wissen, was ich mir dabei dächte, so aufgeblasen in piekfeiner Kleidung herumzustolzieren und mich auf Kosten der Leute, die sich ihr täglich Brot mit ehrlicher Arbeit verdienten, lustig zu machen, und fügte hinzu, was eine komische Aufmachung beträfe, sei ich selber nicht zu übertreffen.

Auf meinem Rückweg ins Hotel fiel mir auf, dass jeder Mann, der an einem Pferdeposten lehnte, lachte, und ich begann, mich in alle Richtungen umzusehen, um den Grund zu entdecken, wobei mir zunächst nicht klar war, dass ich selber es war. In diesem Moment verstand ich, dass der Prince of Wales gemäß der Etikette zwar den korrekten Hut aufhaben mag, es außerhalb seiner Einflusssphäre aber sicherer ist, dem Stil zu folgen, den der Hotelrezeptionist vorgibt. Dass der richtige Ort für den Verkauf von Herrenausstattung die Stadt ist, in der jeder mehr als genug Kleidung zu besitzen scheint, und dass der richtige Ort für den Verkauf von Schweinefleisch ländliche Gebiete sind, in denen jeder Schweine züchtet. Aus diesem Grund empfehle ich jedem Mann, der meinen Rat für einen Umzug in ein neues Land mit mehr Möglichkeiten einholen möchte, in eine alte Stadt zu ziehen, weil dort mehr Geld ist.

Ich schrieb meiner Firma auf dieser Reise ziemlich oft und erklärte ausführlich die Situation und erläuterte auch, was die

Konkurrenz machte, wann immer ich feststellte, dass sie etwas verkaufte.

Ich billigte dem alten Hammer eine größere Neugier zu als er besaß, denn als ich in Cairo ankam, fand ich ein Telegramm von ihm vor, in dem stand: *»Weiß jetzt, was unsere Konkurrenten machen: Sie erhalten alle Aufträge. Aber was machen Sie?«* Da erkannte ich, dass die Zeit für Erklärungen abgelaufen und der Moment gekommen war, um mit dem Job aufzuhören. Also sandte ich ihm mein Kündigungsschreiben. Und dasselbe werden wir von dir erwarten – oder Aufträge.

Dein dir zugetaner Vater,
John Graham

BRIEF 11

John Graham
von den Union Stock Yards in Chicago
an
seinen Sohn Pierrepont
im Hotel The Planter's Palace in Big Gap,
Kentucky

Mr. Pierreponts Aufträge sind klein und seine Ausgaben groß, sodass sein Vater über seine Perspektiven pessimistisch gestimmt ist.

Chicago, 10. April 189_

Lieber Pierrepont,
du solltest heute dem Mann mächtig dankbar sein, der die Bruchrechnung erfand, denn während deine Verkaufskosten für den letzten Monat in Grenzen geblieben sind, bedurfte es ausgiebiger Unterstützung seitens des Dezimalsystems, um dorthin zu gelangen. Du befindest dich in der Position eines Jungen, der von einem Bullen verfolgt wurde – offen für Glückwünsche, weil er es auf den Baum geschafft hat, und für Beileidsbekundungen, weil sich ein Bursche auf einem Baum in der Mitte einer sechzehn Hektar großen Wiese mit einem

enttäuschten Bullen als einziger Gesellschaft in einer äußerst misslichen Lage befindet.

Ich möchte dich nicht gleich zu Beginn deines Lebens als Handlungsreisender allzu hart anfassen, aber ich würde mich erheblich zufriedener mit deinem Auftritt fühlen, wenn du gelegentlich einen echten Misserfolg oder einen erstklassigen Erfolg vorzuweisen hättest, anstatt dich einfach irgendwie durchzuwursteln. Mir scheint, dass du dich nur halb so viel anstrengst wie du könntest, und bei dieser Anstrengung ist es die zweite Hälfte, die zu Ergebnissen führt. Wenn es eine Kenntnis gibt, die für einen Mann unnützer ist, als zu wissen, wann er verloren hat, ist es die, zu wissen, wann er gerade so viel geleistet hat, dass er vermeidet, gefeuert zu werden.

Natürlich bist du intelligent genug, um ein mittelmäßiger Mann zu sein und eine mittelmäßige Position mit einem ebensolchen Gehalt auszufüllen, indem du die Hälfte der Arbeit leistest, zu der du imstande bist, aber du musst deiner Ausrüstung mehr Dynamit und Schwung verleihen, wenn du die andere Hälfte aktivieren willst. Du musst daran glauben, dass das erste Schwein, das der Herr schuf, ein Brandzeichen der Marke Graham trug, und die Herde, die in einen Abgrund stürzte, einem Konkurrenten gehörte. Du musst deine Waren kennen wie deine eigene Westentasche, vom Maul bis zum Schwanz, lebendig und in Dosen. Du musst sie kennen und verinnerlichen, wie eine junge Mutter die ersten Laute ihres Babys versteht, und auf sie stolz sein wie ein Vater auf seinen zwölf Pfund schweren Erben, auch wenn er dabei ein wenig übertreibt.

Du musst an dich selber glauben und deine Käufer dazu bringen, dass sie noch fester an dich glauben. Du musst Aufträge wittern können wie ein Bluthund eine Fährte, und einen Kunden festhalten können wie eine Bulldogge, die sich in ihre Beute verbeißt. Du musst dir einen Auftrag, der an einen Konkurrenten geht, genauso zu Herzen nehmen wie ein Pfarrer einen rückfälligen Sünder, und Spezialmessen abhalten, um das verirrte Schaf zurück zur Herde zu holen. Du musst jeden Morgen entschlossen aufstehen, wenn du abends zufrieden ins Bett gehen willst. Du musst Schweinefleisch essen, Schweinefleisch denken und Schweinefleisch träumen – kurzum, Schweine müssen dein Lebensinhalt sein, wenn du in der Fleischverpackungsindustrie erfolgreich sein willst.

Ich weiß, dass das ein ziemlich liberales Rezept ist, aber es ist für einen Burschen gedacht, der eine üppige Pastete zubereiten will. Und das Einzige, das du jemals in einem Gebäck findest, das du nicht selber hineingetan hast, sind Fliegen.

Du hattest in den vergangenen Monaten eine riesige Chance, viel über die praktischen Seiten des Geschäfts zu lernen, und zwischen deinen Reisen solltest du nun jede freie Minute in der Fleischfabrik verbringen, um auf dem Laufenden zu bleiben. Nichts verdient ein größeres Interesse als gescheite Fragen, und der Mann, der in die Erweiterung seines Wissens über das Geschäft über das notwendige Mindestmaß hinaus investiert, um seine Stelle zu behalten, besitzt das Kapital, mit dem er eine Hypothek auf eine bessere Position aufnehmen kann.

Vielleicht täusche ich mich, aber ich bin ein wenig besorgt, dass du nicht über eine höfliche Grußbekanntschaft mit Mr. Schweinefleisch hinausgekommen bist, als du hier in der Fleischfabrik warst. Zwar sind Schweine nicht besonders hübsch, aber jedes Tier, das freundlicherweise bereit ist und die wohlwollende Neigung besitzt, denjenigen einen satten

Gewinn zu bescheren, die ihm nahe genug kommen, verdient großen Respekt und Aufmerksamkeit.

Ich bin keiner von denen, die glauben, dass ein gesundes Halbwissen über eine Sache nutzlos ist, aber nach meiner Erfahrung stellt der Mann, der über dieses Halbwissen verfügt, fest, dass es genau die andere Hälfte ist, die ihm den größten Nutzen verschaffen würde. Ein Verkäufer muss daher die Fertigung kennen, und wenn er umgekehrt in der Fabrik arbeitet, kann er gar nicht genug über den Handel wissen.

Wenn du dich nicht genügend auskennst, wird es dir passieren, dass du auf einen cleveren, neunmalklugen Käufer triffst, der dir ein Speckstück zeigt und sagt, es stamme von der Konkurrenz und dich fragen wird, was er mit einer Firma machen solle, die den Nerv hat, diesen Speck als »Bauchschmalz« zu bezeichnen. Natürlich wirst du es näher begutachten, eine kluge Miene aufsetzen und sagen, du scheuest zwar davor zurück, zu kritisieren, hättest aber den Eindruck, es röche wie der Heißläufer eines Güterzugs. An diesem Punkt wird der Käufer Jack und Charlie rufen, damit sie tüchtig mitlachen, und wenn er sich die Tränen aus den Augen gewischt hat, wird er dir sagen, das sei dein eigener Speck und es dir beweisen.

Natürlich ist mit dem Speck alles in Ordnung, aber wärst du gut vorbereitet gewesen, hättest du eine überraschte Miene aufgesetzt und gesagt: »Ich kann Ihrer Beurteilung dieser Angelegenheit nicht ganz zustimmen, Mr. Smith. Dies ist ein erheblich besserer Speck, als Muggins & Co. herstellen.« Damit hättest du zwei Fliegen mit einer Klappe geschlagen, nämlich den kleinen Scherz des Käufers im Keim erstickt und gleichzeitig seine Bestellung unter Dach und Fach gebracht.

Die Dinge, die du weißt, sind dein Baseballschläger; die Dinge, die du nicht weißt, sind jedoch die Fleischaxt des anderen. Aus diesem Grund solltest du stets dein Wissen über das Geschäft vertiefen und Fakten sichern. Und dabei solltest du vorgehen, wie man vernünftigerweise eine Mücke erschlägt – sobald man sie entdeckt hat. Wenn du beim ersten Schlag nicht triffst, erhältst du zwar womöglich eine zweite Gelegenheit, aber die Chancen stehen gut, dass dir die Mücke bis dahin eine Menge Blut ausgesaugt hat.

Wo wir gerade darüber sprechen, die Dinge beim Schopf zu packen, sobald sie sich präsentieren, fällt mir Josh Jenkinson aus meiner alten Heimatstadt ein.

Soweit ich mich erinnere, war Josh nur Haut und Knochen. Er hatte nicht eine Unze Fleisch am Körper. Tatsächlich war er so verdammt dürr, dass seine Frau nach jedem Kleiderkauf aus einem Anzug zwei machte. Der gesellschaftlichen Konvention zuliebe nahm Josh Jenkinson ab und zu ein wenig Nahrung zu sich, aber eigentlich lebte er vom Tabak. Meist wölbte sich in einem Mundwinkel der Kautabak hervor und im anderen hing eine Maiskolbenpfeife. Er war stets zu Scherzen aufgelegt und hatte einen dieser großporigen Schädel, über den sich eine bewegliche Kopfhaut spannte, was in einem kleinen Dorf mit Sinn für Humor assoziiert wird. Josh liebte es, uns Jungen zu erschrecken, indem er an seiner Pfeife sog und den Rauch irgendwie über seine Augen, Ohren und Nase ausstieß. Tat so, als sei er der Teufel persönlich und als brenne in seinem Inneren ein Feuer. Einmal erwischte ihn der alte Doc Hoover dabei und sagte uns, das sei Unfug, räumte aber ein, Josh sei ein Blutsverwandter des Satans.

Hoover war ein Methodist reinsten Wassers. In seiner Religion gab es weder Ausflüchte noch Allgemeinplätze oder Metaphern. Für ihn war die Unterwelt weder Hades noch Gehenna, sondern schlicht und einfach die Hölle und zwar eine verdammt heiße, darauf kannst du wetten. Sein Glaube war auf hartem, genieteten Eisenblech errichtet. Tag und Nacht hatte er ein Feuer unter dem Heizkessel und war dermaßen damit beschäftigt, es anzustochern, dass ihm nicht viel Zeit blieb, die goldenen Gassen zu beschreiben. Wenn er in das Feuer blies, machte sich glühend heißer Dampf breit, und man konnte die Sünder der Umgebung brutzeln und schrumpeln sehen. Doc kannte weder Nachsicht noch ein Pardon mit Schuldnern noch mildernde Umstände.

Er war keiner der Kirchenältesten, die einen Mann Quadrille tanzen ließen, falls er dem Walzer abschwor, oder ihm sagte, er könne im Salon Whist spielen, wenn er mit Pfennigpoker aufhörte, oder über die Rauchgewohnheit eines Burschen ein Auge zudrückte, falls er den Whisky sein ließ.

Josh wusste das, also hielt er sich von den Erweckungsfeiern fern, obwohl Doc Hoover ihn fünf Jahre lang unerbittlich zu überzeugen versuchte. Aber eines Sommers, als diese besonders viele Bewohner anzogen, saß Josh so einsam und alleine herum, weil das ganze Dorf im Wald war, dass er sich an das Zeltlager heranschlich und sich hinter Büschen versteckte, um mitzuhören, was da gesprochen wurde. Der Kirchenälteste wog zu der Zeit circa zweihundertfünfzig Pfund und mit dieser Wucht wirkte er auf die Sünder sehr schnell ein. Ehe sich es Josh versah, hatte man ihn aus seinem Versteck gezerrt und unter viel Hallelujah zwischen den Sitzreihen nach vorne zur Sünderbank getragen. Als Doc Hoover sah, wer da kam, änderte er augenblicklich sein Konzept. Innerhalb von zehn Minuten hatte er Josh der Sünde überführt und ließ ihm seine Pfeife und seinen Tabak wegnehmen.

Ich bin mir nicht sicher, ob Josh nicht rückfällig geworden wäre, wäre er kein praktisch eingestellter Witzereißer gewesen, denn ein Mann von seiner Sorte fürchtet sich so davor, selber zum Gegenstand der Scherze zu werden wie ein ungezähmtes Pferd vor einer Dampfwalze. Also besann er sich und begann, sich fürs Essen zu interessieren. Beklagte sich, weil es keine acht oder zehn Mahlzeiten am Tag gab. Das Erste, was er bemerkte, war, dass er so zugenommen hatte, dass er nicht mehr in seinen halben Anzug passt, sodass er ihn in Mottenpulver aufbewahren musste. Dann kaufte Josh einen ganzen Anzug in der Größe, dass ein lebendes Skelett hineingepasst hätte. Innerhalb von zwei Wochen waren die Schulternähte bis zum Bersten gespannt, sodass er aussah, als stecke er in einer Wurstpelle. Auch diesen Anzug zog er aus dem Verkehr und kaufte sich den nächstgrößeren. Dieser saß ein wenig locker und es dauerte einen guten Monat, bis auch er zu eng geworden war.

Inzwischen war Josh ziemlich dick, nahm aber unaufhörlich weiter zu – eine Ausbuchtung hier, ein Speckröllchen dort –, wobei er ständig neue Anzüge ausrangieren musste, bis seine Frau vierzehn Stück in einer Kommode aufbewahrte.

Josh sagte, es sei ihm egal; früher oder später nähme er sowieso wieder ab, und wenn es soweit wäre, würde er die alten Anzüge wieder hervorholen und sie einen nach dem anderen auftragen. Aber als er dreihundertfünfzig Pfund erreicht hatte, stagnierte sein Gewicht. Er versuchte es mit Leibesübungen, Diät und ausländischen Wassern, aber er konnte nicht eine Unze abschütteln. Am Ende musste er all seine Anzüge der Witwe Doolan schenken, die vierzehn Söhne wie die Orgelpfeifen hatte.

Ich erwähne Josh nur ganz nebenbei als Beispiel für die Tatsache, dass ein Mann nicht darauf setzen kann, eine Chance zu erhalten, um etwas, das er in der Vergangenheit falsch gemacht hat, zu korrigieren. Und um deine Aufmerksamkeit auf den Umstand zu lenken, dass ein Mann, der sein Metier kennt wie seine Westentasche, früher oder später eine Gelegenheit findet, selbst den unzugänglichsten Käufer gnädig zu stimmen und ein Geschäft mit ihm zu machen.

Ich möchte dich an dieser Stelle davor warnen, dir zu schnell das gesamte Wissen über das Fleischverpackungsgeschäft anzueignen. Unsere Branche gleicht zum großen Teil der Negerkrause – sie wirkt nicht sehr profund, aber sie hat eine Menge Knoten und Verwindungen.

Als ich ein Junge war und der Bursche in rosafarbenen Strumpfhosen in die Arena stieg und acht oder zehn Glaskugeln gleichzeitig in der Luft jonglierte, dachte ich, mehr könne man wirklich nicht erwarten. Aber die hübsche Lady in ihren blauen Seidenstrümpfen überreichte ihm immer neue Dinge – Kerosinlampen und gebogene Dolche, verschiedene Bestecke und allerlei Porzellan – und alle nahm er zu den Glaskugeln hinzu, ohne jemals sein zufriedenes Lächeln zu verlieren. Das große Problem mit den meisten jungen Männern heutzutage ist, dass sie, kaum dass sie einige Glaskugeln in der Luft halten, glauben, sie hätten bereits alles gelernt, was sich zu wissen lohne, und hätten dem Publikum bereits alles gezeigt, um den Eintrittspreis zu rechtfertigen. Und so verschmähen sie die Kerosinlampen und alle übrigen Gegenstände und jonglieren auf ewig mit ihren drei Bällen. Die Menge an zusätzlichem

Wissen, die sich ein Mann mit der richtigen Einstellung aneignen kann, ohne dass ihm das Lächeln vergeht, kennt allerdings keine Grenzen.

Ich möchte dich lächeln sehen; ich möchte fühlen, dass du Feuer und Flamme für das Geschäft bist – nicht nur am Zahltag, sondern auch an allen anderen Tagen. Ich möchte wissen, dass du täglich auf Hochtouren läufst und dir neue Dinge einprägst, damit du etwas anzubieten hast, wenn die Nachfrage kommt. Bisher scheinst du ein ganz gewöhnlicher Verkäufer unseres Einzelhandelsgewerbes zu werden. Ich möchte dich aber aus der Menge herausragen sehen; du sollst so groß und stark sein, dass du uns zu der Erkenntnis zwingst, du seist in der Menge der mittelmäßigen Burschen fehl am Platze. Streng dich an!

Dein dir zugetaner Vater,
John Graham

BRIEF 12

John Graham
von den Union Stock Yards in Chicago
an
seinen Sohn Pierrepont
in Little Delmonico's, Prairie Centre, Indiana

Mr. Pierrepont hat seinen Vater verstimmt, indem er dessen Kritik mit vornehmer, aber höchst tadelnswerter Resignation aufgenommen hat.

Chicago, 15. April 189_

Lieber Pierrepont,
schreib mir nie wieder einen dieser resignierten, schmerzlichen Leidensbriefe. Es ist nur natürlich, dass ein Pferd ausschlägt und sich aufbäumt, wenn es zum ersten Mal vor die Kutsche gespannt wird, und ich bin immer ein wenig misstrauisch gegenüber einer Kreatur, die unter der Peitsche allzu still aushält. Ich weiß, dass ich nicht gegen Demut, sondern Bosheit ankämpfen muss, und es ist schwer zu sagen, welche von beiden schlimmer ist.

Das einzige Tier, das in der Bibel als geduldig beschrieben wird, ist der Esel, und das ist sowohl eine gute Glaubenslehre als auch eine gute Naturgeschichte. Dabei muss ich an die

Erfahrung mit dem Maultier aus Missouri denken, als ich noch ein Junge war und feststellte, dass es keineswegs geduldig war, sondern nur so tat. Du kannst es verfluchen, bis du nur noch heilige Gedanken hast, und du kannst es auspeitschen, bis es gestreift ist wie ein Zirkuszebra; und wenn du in seiner Gesellschaft vorsichtig und zurückhaltend bist, wird es einfach schmerzerfüllt, traurig und resigniert dreinblicken. Tatsächlich wird das Maultier aber innerlich die ganze Zeit immer böser und niederträchtiger und fügt seinem Charakter alle dreißig Tage ein gerüttelt Maß an Boshaftigkeit hinzu, indem es nach Einbruch der Dunkelheit in seinem Stall alle Arten von Tritten übt.

Selbstverständlich ist nichts auf dieser Welt nur schlecht, nicht einmal ein Maultier, denn zu einem Teil ist es ein Pferd. Meine Beobachtung hat mich aber gelehrt, dass der Anteil Pferd in der vorderen Hälfte zu finden ist und die einzig sichere Methode, ein Maultier fortzubewegen, darin besteht, es mit dem Hinterteil zuerst zu führen. Ich nehme an, man könnte es so trainieren, dass es auf diese Weise läuft, aber es hat nicht den Anschein, als lohne sich dieser Aufwand, wo gute Reisepferde so billig zu haben sind.

So empfinde ich angesichts dieser jungen Burschen, die sich die Straße entlangschleppen und versuchen, an jedem Hauseingang, der ein wenig Schatten bietet, einzuhalten und jammern und schimpfen, wenn man »aufstehen« zu ihnen sagt. Das sind die Männer, die ständig jaulen, Bill Smith sei nur befördert worden, weil er Beziehungen habe, und sie selber würden kleingehalten, weil ihr Boss eifersüchtig sei. Ich habe in meiner Zeit viele Beziehungen erlebt, aber keine, die stark genug gewesen wäre, um einen Mann höher zu hieven, als er sich an seinen eigenen Schnürsenkeln hochziehen kann, oder weitreichend genug, um durch das Kassenfenster zu greifen und einem Burschen mehr Geld zuzuschustern, als er verdient hat.

Wenn ein Mann mit seinen Beziehungen prahlt, ist er ein Lügner, oder sein Arbeitgeber ist ein Narr. Und wenn ein Bursche jammert, dass er niedergehalten wird, lautet die Wahrheit im Allgemeinen, dass sein Boss ihn nicht aufrichten kann. Er sucht sich einfach einen schönen, weichen Fleck, streckt sich lang auf seinem Rücken aus und schreit dann, ein herzloser Grobian habe ihn niedergeschlagen und sitze nun auf seinem Brustkasten.

Ein guter Mann ist voller Sprungkraft, wie eine Katze, die von einem kleinen Jungen und einem Bullterrier verfolgt wird. Wenn sie im zweiten Stock aus dem Fenster direkt vor die Nase des Hundes geworfen wird, dreht sie sich im Fall so, dass sie sicher auf allen vier Pfoten landet. Und wenn der Hund auf den Fleck springt, auf dem sie eben noch gelandet ist, ist sie bereits nicht mehr da, sondern sitzt im Baumwipfel auf der anderen Straßenseite.

Ein leistungsfähiger Mann gleicht zu einem guten Stück dem kleinen rothaarigen Lauser, den wir bei dem Footballspiel sahen, zu dem ich dich ins Stadion begleitet habe. Immer wenn die Meute loshetzte, begann sie auf ihm herumzutrampeln, ihn zu boxen und aufzuspießen. In der einen Minute stürzten sie sich alle auf ihn, und in der nächsten hatte er sich dem Gemenge bereits entwunden, sauste über das Feld und spuckte dabei Haare und Stoffreste aus. Oder er stand so unbeweglich wie ein Schwein auf einer Eisfläche an einer Seite des Spielfelds und beobachtete, wie sich allmählich das Gewirr an Armen, Beinen und Köpfen auflöste und die Verletzten davongetragen wurden.

Ich habe die Footballregeln nicht verstanden, aber ich verstand den kleinen, flinken Pimpf. Er kannte sein Geschäft. Und wenn ein Bursche sein Metier kennt, muss er das niemandem erklären. Ein Mann prahlt im Allgmeinen nicht mit seinem Wissen, sondern mit dem, was er glaubt zu wissen. Wer viele Worte macht, weiß meistens gar nichts.

Es gibt einen Riesenunterschied zwischen einem Wust an Fakten, die ungeordnet in deinem Kopf herumschwirren und unterwegs alle durcheinandergeraten, und derselben Menge Wissen, das ordentlich sortiert, etikettiert und verstaut wurde, um auf Abruf zur Verfügung zu stehen. Nie wiegt ein Schinken so viel, als wenn er halb gepökelt ist. Wenn er bis zur letzten Faser mit Lake vollgesogen ist, muss er den größten Teil im Räucherhaus wieder ausschwitzen, bevor er wirklich gut ist. Und wenn du bis in die letzte Pore alle Informationen aufgesogen hast, wirst du die Hälfte wieder vergessen müssen, bevor du für die Firma von echtem Nutzen bist.

Wenn es irgendetwas gibt, das schlimmer ist als zu wenig Wissen, dann ist es zu viel davon. Bildung erweitert den Horizont, aber für einen geschwollenen Kopf gibt es keine Heilung. Das Beste, worauf du hoffen kannst, ist, dass er weiter anschwillt und irgendwann platzt; aber dann ist natürlich nichts mehr übrig. Armut kann einen guten Mann nie verderben, Wohlstand schon. Harte Zeiten durchzustehen ist einfach, weil man dann keine andere Wahl hat. Gute Zeiten machen dagegen oft übermütig und lassen eine kluge Vorsorge überflüssig erscheinen.

Ich erwähne diese Dinge nur ganz allgemein. Vieles trifft auf dich zweifellos nicht zu, aber eine Erwähnung schadet dennoch nicht. Die meisten Menschen fangen an zu schielen, wenn sie sich selber einschätzen sollen und sehen einen Engel anstatt ihres wahren Ichs. Nichts sagt einer Frau ungeschminkter die Wahrheit und belügt einen Mann schamloser als ein Spiegel.

Wenn mir eines klar ist, dann dass du zu schnell schmollst. Wenn du alles wüsstest, was du lernen musst, bevor du ein ausgewachsener, großspuriger Kaufmann sein wirst, hättest du etwas zu schmollen. Wenn du genügend Wissen über das Geschäft erworben hast, wirst du in die richtige Richtung marschieren und in der Lage sein, die Aufmerksamkeit eines Käufers zu gewinnen. Alle weiteren Schritte sind diejenigen, mit denen du sein Vertrauen gewinnst.

Hier und jetzt wirst du entdecken, dass du in dem Dilemma des jungen Mannes steckst, der seine Liebste geehelicht und mit nach Hause genommen hat, um gemeinsam mit ihr und seiner Mutter unter einem Dach zu leben. Dabei hat er festgestellt, dass er die eine nur glücklich machen kann, wenn er die andere wütend macht, und wenn er versucht, beide glücklich zu machen, erreicht er nur eines – dass beide böse mit ihm sind. Am Ende reicht seine Frau die Scheidung ein und seine Mutter enterbt ihn und vermacht ihr Vermögen einem Waisenhaus, weil sie im Anhang zum Testament vernünftigerweise angemerkt hat, »dass Waisen ihren Eltern gegenüber nicht undankbar sein können«. Hätte der Mann ein wenig Taktgefühl gehabt, hätte er dafür gesorgt, dass beide Frauen in getrennten Häusern leben und hätte jede von beiden in dem Glauben gelassen, sie habe das Beste bekommen, wobei er es tatsächlich keiner von beiden gewährt hat.

Takt ist die Fähigkeit, zur richtigen Zeit zu schweigen; selber so angenehm zu sein, dass niemand zu dir unangenehm sein kann; Unterlegenheit wie Gleichheit empfinden zu lassen. Ein taktvoller Mann schafft es, einer Biene den Stachel zu ziehen, ohne selber gestochen zu werden.

Einige Männer pochen auf die Wahrheit und bezichtigen einen Mitmenschen offen des Betrugs. Sie bekommen eins auf die Nase. Andere versuchen es mit übler Nachrede und behaupten, der Vater dieses Mannes sei ein ausgekochter Lügner und seine Mutter eine alttestamentarische Saphira, und jeder, der an die Darwinsche Theorie glaube, solle ihren Sohn eher bemitleiden als ihm die Schuld geben. Niemand mag sie. Ein taktvoller Mann sagt dagegen, seit Baron Münchhausen habe niemand so viele prächtige Erinnerungen gehabt wie besagter Mitmensch; und wenn Letzterem dieser Kommentar zu Ohren kommt, ist er äußert amüsiert, weil er nicht weiß, dass die historische Literaturkritik den Baron der Lüge überführt hat. Der taktvolle Mann macht das Geschäft.

Es gibt zwei Arten von Wissen: eines, auf das jeder ein Anrecht hat und das in der Schule gelehrt wird; und das andere, das niemand besitzen sollte außer dir selbst – und das ist deine Meinung über Bill Jones. Wenn du das Gefühl hast, ein Mann sei nicht koscher, wirst du dich entsprechend für eine Begegnung mit ihm rüsten, aber niemals auf seinem angestammten Terrain. Wenn du kannst, bringe ihn dazu, ehrlich zu dir zu sein, aber verhindere es, dass er dich ihm gegenüber unehrlich sein lässt.

Wenn du einen Fehler machst, dann mache nicht auch noch einen zweiten, nämlich ihn zu verschweigen. Übernimm die Verantwortung. Der Zeitpunkt, um faule Eier auszusortieren, ist im Nest. Je tiefer du sie in der Kiste versteckst, desto schlimmer ihr Gestank, wenn sie schließlich auf den Frühstückstisch kommen. Ein Fehler gebiert eine Lüge, wenn du versuchst, ihn zu vertuschen. Eine einzige Lüge kann genug Misstrauen säen, um das gesamte Vertrauen zu vernichten, in dessen Aufbau und Pflege viel Arbeit investiert wurde.

Natürlich ist es leicht, das Vertrauen der Firma oder des Kunden zu gewinnen, du brauchst allerdings beides. Der Betrieb bezahlt dein Gehalt und der Käufer hilft dir, es zu verdienen. Wenn du dem Kunden das Fell abziehst, verlierst du sein Geschäft. Und wenn du mit der Firma Fangen spielst, verlierst du deine Arbeit. Du musst ganz einfach streng am Zaun entlanggehen, denn wenn du einen Schritt zur einen oder anderen Seite machst, wirst du feststellen, dass du den Boden unter den Füßen verlierst.

Selbst nachdem du es geschafft hast, die Aufmerksamkeit und das Vertrauen des Käufers zu gewinnen, musst du ständig auf dem Quivive sein, um das Geschäft zu behalten und dir die ganze Nacht den Kopf zermartern, um der Konkurrenz ein wenig davon wegzuschnappen. In guten Zeiten musst du es zwingen, weil es leicht sein wird. Und in schlechten Phasen musst du es ebenfalls zwingen, weil wir die Aufträge brauchen.

Wo wir gerade davon sprechen, wie von selbst Geschäfte zu machen, muss ich an meinen alten Bekannten Herrn Doktor Paracelsus von Munsterberg denken, der, als ich noch ein Junge war, »frisch von den Heilungserfolgen an den europäischen Höfen« – wie seine Handzettel verkündeten – in unsere Kleinstadt kam, »nicht um Geld zu verdienen, sondern um der leidenden Menschheit den unschätzbaren Segen der Gesundheit zuteil werden zu lassen; um die Kranken gesund und die Gesunden noch gesünder zu machen«.

Munsterberg war keiner dieser gewöhnlichen grobschlächtigen Marktschreier. Er war ein ziemlich eleganter Zeitgenosse.

Trug eine hübsche schwarze Lockentracht und sparte nicht an Brillantine. Außerdem war er stets in Gehrock und Seidenhut gewandet, außer wenn er seine Ansprachen hielt. Dann legte er seinen Gehrock ab, um freier gestikulieren zu können. Und wenn er sprach, dann immer in vollendeten Sätzen.

Der »Unschätzbare Segen« war selbstverständlich in Flaschen abgefüllt, versehen mit einem Etikett mit der Aufschrift »Munsterbergs Mirakulöse Medizinische Entdeckung«, und um ihrer Einführung willen war Munsterberg bereit, die kleine Portion für fünfzig Cent und die große für einen Dollar zu verkaufen.

Abgesehen von seiner philanthropischen Ader besaß der Doktor ein ziemliches Geschick mit Kartentricks, spielte Banjo, sang Niggerlieder und machte auf sehr glaubwürdige Art das Geräusch einer Säge nach, die sich durch ein Brett arbeitet. All diese Talente sowie die Geschichte, wie er die Schwester des österreichischen Kaisers mit einer einzigen Flasche seiner Mixtur geheilt hatte, zogen eine große Menge Schaulustiger an, verkauften aber keinen Tropfen der Entdeckung. Niemand in der Stadt war wirklich krank, und diejenigen, die sich für krank hielten, hatten sich in der Woche zuvor mit Quackenboss' Schneller Chininkur eingedeckt, die ein anderer Quacksalber mit den gleichen großzügigen Versprechen angepriesen und für fünfzig Cent die große Flasche, samt eines hübschen Drucks eines Alten Meisters für die gute Stube, verkauft hatte.

Einige Männer hätten einfach geflucht und wären in die nächste Stadt gezogen. Munsterberg hielt jedoch eine schöne Rede, pries das Klima und sagte, mit seiner bescheidenen Fähigkeit habe er das Privileg genossen, die Stärke und Schönheit vieler Höfe kennenzulernen, aber nie wäre er an einen anderen Ort gekommen, an dem die Stärke stärker und die Schönheit schöner gewesen sei als hier in Hoskins' Corners.

Er bete mit Inbrunst – obwohl es fast schon zu viel der Hoffnung sei –, die Cholera, die in Kentucky wütete, möge diesen Garten Eden verschonen; diese Festung an Gesundheit möge dem Gelbfieber trotzen, das Tennessee verheerte, wenngleich er sich verpflichtet fühle, darauf hinzuweisen, dass es sich dabei um eine besonders bösartige und hartnäckige Krankheit handele. Die Masern, die sich von Kanada gen Süden ausbreiteten, sollten statt unserer die nächste Stadt befallen, obwohl er hinzufügen müsse, dass die Masern keine Rücksicht nähmen. Die Diphterie und das Scharlachfieber, die sich wie ein Lauffeuer in Neuengland verbreiteten und die Friedhöfe bevölkerte, könnten davon abgehalten werden, den Hudson zu überqueren, wenngleich sie dafür bekannt seien, sich rasch auszubreiten, und es ratsam sei, sich auf das Schlimmste vorzubereiten. Wir alle und ohne Ausnahme sollten von Fieberschauern, Kopfschmerzen, belegter Zunge, Rückenschmerzen, Schlaflosigkeit und Erschöpfung verschont bleiben, aber das sei fast zu viel des Bittens, selbst in einem derart bekömmlichen Klima.

Auf jeden Fall bat Munsterberg uns inständig, uns vor wertlosen Geheimrezepturen und Imitationen zu hüten. Der Gedanke, dass wir heute vor ihm versammelt seien und morgen den Leichenbestatter bezahlen müssten, nur weil es uns an einer kleinen Flasche des größten Geschenks der Medizin an die Menschheit gemangelt habe, stimme ihn traurig.

Ich konnte sehen, dass diese Rede bei zahlreichen Frauen in der Menge großes Unbehagen auslöste, und ich hörte Witwe Judkins sagen, sie fürchte, es werde »einen mächtig kränklichen Winter« geben und sie frage sich, ob es schaden würde, ein wenig von diesem Elixier im Haus zu haben. Aber der Doktor bot den Unschätzbaren Segen nicht mehr zum Verkauf an. Von seiner Rede ging er direkt zu einer Imitation eines Hundes über, an dessen Schwanz Konservenbüchsen festgebunden waren und der die Hauptstraße hinunterlief und sich unter Si Hoopers Laden am anderen Ende der Straße verkroch. Eine Imitation, so ließ er uns wissen, die dem Sultan sehr gefallen habe, der ein grausamer Mann sei und sich an der Quälerei armer, dummer Tiere ergötze, die der Herr uns geschenkt habe, »damit wir sie lieben, ehren und aufziehen«.

Und so fuhr Munsterberg in diesem Stile fort, bis er befand, es sei an der Zeit, schlafen zu gehen, und dann dankte er »uns allen für unsere liebenswürdige Aufmerksamkeit« und sagte, da es seine Mission im Leben sei, nicht nur zu heilen, sondern auch zu amüsieren, würde er bis zum Nachmittag des folgenden Tages bleiben und eine spezielle Matinee für die Kleinen geben, die er um seines eigenen goldhaarigen Willies jenseits des Rheins willen so sehr liebe.

Selbstverständlich strömten am nächsten Tag alle Frauen und Kinder herbei, während die Männer auf dem Feld oder im Laden arbeiten mussten, und der Doktor brachte uns eine halbe Stunde lang zum Lachen. Und dann, während er ein ungewöhnlich lustiges Lied sang, fing Mrs. Browns Johnny an zu brüllen. Der Doktor hielt inne. »Bringen Sie den armen kleinen Leidenden zu mir, Madam, und lassen Sie mich sehen, ob ich seine Agonie lindern kann«, sagte er.

Mrs. Brown war einigermaßen verlegen und auch reichlich erschrocken, aber sie schob Johnny, der die ganze Zeit schrie wie am Spieß, zum Doktor hin. Dieser begann, ihm den Rücken zu tätscheln und einen Blick in seinen Rachen zu werfen. Natürlich brüllte Johnny daraufhin nur umso lauter, und seine Mutter begann zu erklären, sie glaube, sie sei ihm »auf seinen wunden Zeh getreten«, als sich der Doktor auf die Stirn schlug, »Eureka!« ausrief, eine Flasche Unschätzbaren Segen hervorzauberte und Johnny einen Löffel voll in den Mund zwang. Dann gab er dem Jungen drei Klapse auf den Rücken, drei Klapse auf den Bauch, strich mit einer Hand über seine Luftröhre und zog mit der anderen einen kleinen Knopfhaken aus seinem Mund.

Als er das sah, ließ Johnny alle seine vorherigen Schreiversuche wie eine billige Imitation wirken, riss sich los und rannte nach Hause. Anschließend schob der Doktor eine Hand in seine Weste, schwang mit der anderen den Knopfhaken hin und her und rief: »Meine Dame, Ihr Kind ist geheilt! Ihr Knopfhaken wurde gefunden!«

Dann begann Munsterberg zu erklären, wenn Babys Sicherheitsnadeln oder kleine Münzen, Fischgräten oder Knopfhaken oder irgendeinen anderen kleinen Haushaltsartikel verschluckten, müsse man ihnen einen Löffel des Unschätzbaren Segens verabreichen, ihnen vorne und hinten einige Klapse geben und die Hand unter den Mund halten und schon falle der Gegenstand heraus wie Schokolade aus einem Süßigkeitenautomaten.

Daraufhin setzte ein großes Stimmengewirr ein, und niemand achtete auf Mrs. Brown, die versuchte, etwas zu sagen. Schließlich wurde sie wütend und folgte ihrem Johnny nach Hause. Eine halbe Stunde später verließ der Doktor Corners – sein Vorrat an Unschätzbarem Segen, für den üblichen Preis, unter allen Müttern der Stadt verteilt.

Erst am folgenden Tag konnte Mrs. Brown erklären, der Segen möge zwar alles gewesen sein, was der Doktor geltend gemacht habe, aber niemand in ihrem Haus habe je einen Knopfhaken besessen, weil ihr Alter Gummistiefel und sie selber knopflose Knöchelstiefel trugen und ihr kleiner Johnny einfach barfuß laufe.

Ich erwähne den Doktor nur ganz nebenbei, nicht als Beispiel für Moral, sondern für vorbildliche Verkaufsmethoden. Einige Handelsleute glauben, der Verkauf sei wie Essen – er stille einen vorhandenen Appetit. Ein guter Verkäufer ist jedoch wie ein guter Koch: Er ist in der Lage, den Appetit zu wecken, auch wenn der Käufer gar keinen Hunger hat.

Es ist mir egal, wie gut die alten Methoden sind; die neuen sind besser, selbst wenn sie einfach nur genauso gut sind. Das ist nicht so irisch wie es klingt. Jahr für Jahr das Gleiche auf die gleiche Weise zu machen, ist so, als äße man einen Monat lang jeden Tag eine Wachtel. Ungefähr um die Mitte dieses Zeitraums beginnt sich ein Mann nach gegrillter Kuh oder einer Scheibe kaltem Hund zu sehnen.

Dein dir zugetaner Vater,
John Graham

BRIEF 13

John Graham
von den Union Stock Yards in Chicago
an
seinen Sohn Pierrepont
bei The Hoosier Grocery Co., Indianapolis,
Indiana

Mr. Pierreponts Aufträge gewinnen an Umfang, daher klopft ihm sein alter Herr auf die Schulter – aber nicht zu hart.

Chicago, 10. Mai 189_

Lieber Pierrepont,
der Auftrag über eine Lieferung Spotless Snow Leaf vom alten Shorter ist die Art Nachrichten, die mir gefällt. Wir können ein wenig mehr dieser Sorte von Kritik aushalten. Ich habe den Kassierer angewiesen, dir nächste Woche dreißig zukommen zu lassen, und ich möchte, dass du dir einen schönen Anzug machen und die Rechnung deinem alten Herrn zukommen lässt. Lass dir einen Anzug schneidern, über den die Leute nicht rätseln, ob du Pferdefänger oder Buck-and-Wing-Tänzer (Populärer Tanz in den USA des 19. Jahrhunderts. Gilt als Vorläufer des Steptanzes, A.d.Ü.) bist. Dein Geschmack in Bekleidungs-

fragen schien sich länger zu halten als deine übrige Universitätsausbildung. Als du letzte Woche hier warst, wirktest du wie eine junge Witwe, die auf dem Grab ihres verblichenen Gatten Gänseblümchen herangezüchtet hat.

Selbstverständlich bestimmt nicht die Kleidung einen Mann, aber abgesehen von seinen Händen und seinem Gesicht bedeckt sie alles, was während der Geschäftsstunden einen ersten Eindruck von ihm vermittelt. Und das ist eine ganz erhebliche Fläche des menschlichen Lebewesens. Hinter einem schmutzigen Hemd mag ein reines Herz verborgen sein, aber selten bedeckt es saubere Haut. Wenn du so wirkst, als habest du in deiner Kleidung geschlafen, werden die meisten Männer daraus schließen, dass du genau das getan hast, und du wirst nie die Gelegenheit erhalten, sie gut genug kennenzulernen, um ihnen zu erklären, dass dein Kopf so mit edlen Gedanken angefüllt ist, dass du keine Zeit hattest, dir die Schuppen von den Schultern zu klopfen. Und wenn du blau-weiß gestreifte Hosen und dazu eine rote Krawatte trägst, wirst du Mühe haben, dem Diakon nahe genug zu kommen, um an seinem Tisch das Tischgebet zu sprechen, selbst wenn du dich vom Glücksspiel fernhältst.

Der äußere Eindruck täuscht, ich weiß, aber so lange das der Fall ist, gibt es nichts Besseres, als dass er zu unseren Gunsten täuscht, anstatt zu unseren Ungunsten. Ich habe erlebt, dass man mit einer Rasur für zehn Cent und einer Schuhpolitur für fünf Cent einen Job für tausend Dollar bekommen kann, und dass eine Zigarette und eine Flasche Champagner Wunder wirken können.

Vor vier oder fünf Jahren ließ der kleine Jim Jackson die Börsenmakler, die auf Bärenmärkte spekulieren, in der Provianthöhle Winterschlaf halten und sich Fett anfressen, bis ihn eines Morgens, am Tag nachdem er den Preis von gepökeltem Schweinefleisch auf zwanzig Dollar hochgetrieben hatte, jemand kurz vor seinem Gang zur Börse aus einem Flachmann trinken sah und es auf dem Börsenparkett herumerzählte. Die Baisse-Spekulanten dachten, Jim müsse schlechte Nachrichten in Erfahrung gebracht haben, um am helllichten Morgen schon mit dem Trinken anzufangen, und so marschierten sie los und verkauften den Pökelfleischmarkt leer, bis nicht einmal ein Fettfleck übrig war. Wie sich herausstellte, erhielt Jim keineswegs schlechte Nachrichten, sondern nahm einfach einen Drink, weil er sich recht gut fühlte und sich die Dinge zu seiner Zufriedenheit entwickelten.

Es genügt in dieser Welt nicht, gut zu sein; du musst auch äußerlich positiv wirken, denn zwei Drittel des Erfolgs besteht darin, die Leute glauben zu lassen, dass du ein guter Mann bist. Du musst dich also allgemeinen Regeln unterwerfen, selbst wenn du die große Ausnahme sein magst. Die Menschen haben so oft erlebt, dass zwei und zwei vier sind und der junge Mann und das kleine Fläschchen so oft einen Narren ergeben, dass sie sich nur schwer davon überzeugen lassen, diese Kombination wirke sich anders aus. Der Herr gesteht jedem Mann, den Er erschaffen hat, nur ein bestimmtes Maß an Amüsement zu. Einige haben ihren Spaß daran, die meiste Zeit angeln zu gehen und den Rest der Zeit Geld zu verdienen. Anderen macht es Vergnügen, die meiste Zeit zu arbeiten und die übrige Zeit angeln zu gehen. Du kannst dich frei entscheiden, aber diese beiden Geschäftszweige kommen nicht gut miteinander aus. Je mehr Geld, desto weniger Fische. Je weiter du gehst, desto geradliniger musst du laufen.

Der Kautabak verschaffte mir lange Zeit ein tüchtiges Behagen. Habe mir diese Angewohnheit in Missouri zugelegt und war ganz versessen darauf. Damals kaute so gut wie jeder in dieser Gegend Tabak, außer der Dorfälteste und die Frauen, aber die schnupften zumeist. Tabakkauen schien eine schöne, gesellschaftliche Angewohnheit zu sein, und ich machte mir nie besondere Gedanken darüber, bis ich in den Norden kam und mir deine Mutter sagte, es sei ein widerwärtiges Relikt des Barbarentums. Ich nehme an, sie meinte damit Missouri. Daraufhin beschränkte ich das Tabakkauen auf mein Büro und wechselte zu Feinschnitt statt der üblichen gepressten Tabakblöcke.

Nun, eines Tages – das war vor ungefähr zehn Jahren –, als ich durch das Büro ging, bemerkte ich, dass sich der Unterkiefer einer der Burschen in der Postabteilung – ein höchst angenehm wirkender junger Mann – unaufhörlich bewegte, während er schrieb. Ich kam gar nicht zum Nachdenken, irgendwie war ich in der Sekunde erzürnt. Dennoch sagte ich kein Wort; ich stand nur da und blickte ihn an, während er ein wenig schneller arbeitete, so wie es Burschen tun, wenn sie glauben, der alte Mann sehe sich um, wem er als Nächstes eine Gehaltserhöhung gewähren soll.

Ich stand gute fünf Minuten vor ihm, und die ganze Zeit tat er so, als habe er mich überhaupt nicht bemerkt. Ich muss sagen, er war ein ziemlich mutiger junger Mann, denn er schwankte nicht eine Sekunde. Als ich sah, dass er sich verschluckt hatte und ins Husten geriet, sagte ich schließlich kurz und knapp: »Ausspucken.«

Nun, das war wie ein Donnerwetter. Du darfst mir glauben, dass ich sehr erbost und drauf und dran war, den jungen Mann zusammenzufalten. Doch bevor ich auch nur ein Wort sagte, änderte ich schlagartig meine Meinung, und so legte ich ihm einfach die Hand auf die Schulter und sagte: »Lass uns abschwören, Sohn.« Selbstverständlich schwor er ab – er war so zu Tode erschrocken, dass er vemutlich aufgehört hätte zu atmen, hätte ich ihn darum gebeten. Daraufhin musste ich allerdings auch meinen eigenen Vorrat an Feinschnitttabak zum Teufel schicken.

Ich erwähne diese kleine Begebenheit nur ganz nebenbei als Beispiel für die Tatsache, dass ein Mann auf dieser Welt nicht tun kann, was ihm gefällt, weil ihn die Leute umso besser sehen können, je höher er klettert. Natürlich beobachten viele andere Burschen dich als Sohn des alten Herrn und wetten darauf, dass du nichts taugst. Wenn du Erfolg hast, werden sie sagen, das sei Zufall; und wenn du scheiterst, werden sie sagen, das sei zu erwarten gewesen.

Auf dieser Welt gibt es zwei unverzeihliche Sünden: Erfolg und Misserfolg. Die Erfolgreichen können einem Gescheiterten nicht verzeihen, dass er versagt, und die Versager verzeihen dem Erfolgreichen nicht. Wenn du Erfolg hast, wirst du aber viel zu beschäftigt sein, um darüber nachzudenken, was die Gescheiterten von dir halten.

Ich reite ein wenig auf dem Thema der äußeren Erscheinung herum, weil so wenige Männer wirklich denkende Lebewesen sind. Während ein Mann den Charakter eines Fremden an seinem Gesicht abliest, lesen Hunderte andere ihn an seiner äußeren Erscheinung ab. Wir haben Dutzende an Herzogen und scharenweise Universitätspräsidenten und Doktoren der Theologie durch die Fleischfabrik geführt und die Arbeiter haben sie nie eines Blickes gewürdigt, es sei denn, um mit Schweineleber nach ihnen zu werfen, wenn sie ihnen im Weg standen.

Aber als John L. Sullivan durch die Stock Yards ging, legten alle augenblicklich die Arbeit nieder. Die Männer verließen laut rufend ihre Arbeitsbänke und stellten sich in Reih und Glied auf, um ihm zuzujubeln. Weißt du, John machte seinem Job alle Ehre und man musste den Männern nicht erklären, dass er ein echter Preisboxer war. Wenn ein Mann an den Punkt kommt, an dem er etwas Besonderes ist, kann es ihm gleichgültig sein, dass er vielleicht nicht außergewöhnlich aussieht. Aber wenn ein junger Bursche noch nichts Besonderes ist, ist es sehr vorteilhaft, wenn er eine außergewöhnliche Erscheinung abgibt.

Bei dieser Gelegenheit möchte ich anmerken, dass es zwar in Ordnung ist, wenn sich andere von der äußeren Erscheinung beeinflussen lassen, aber du solltest dich nicht allein auf diese verlassen. Unterstütze dein gewinnendes Äußeres mit einem guten Charakter und sorge dafür, dass dein Gegenüber es genauso hält. Ein Mann, der Misstrauen weckt, bringt sich in Schwierigkeiten; ein besonnener Mann erspart sich diesen Ärger. Nur weil in der obersten Lage kein fauler Apfel liegt, heißt das nicht, dass die gesamte Kiste von tadelloser Qualität ist.

Ein Mann kauft kein Ross, nur weil es gut aussieht. Meist fragt er sich, was mit dem Gaul nicht stimmt, dass sein Gegenüber ihn verkaufen will. Also führt er das Pferd auf ein weites Feld, auf dem es im vollen Tageslicht steht, und nimmt Mähne und Schweif unter die Lupe, als erwarte er, es handele sich um falsches Rosshaar. Und er späht unter jeden Huf, um mögliche Anzeichen für eine Erkrankung zu finden, und blickt in den Rachen, um dunkle Geheimnisse aufzudecken. Besteht das Ross diese Prüfung, reitet der Käufer es zwanzig oder dreißig Meilen und achtet darauf, ob es ständig wiehert, bockt, scheut, lahmt oder irgendwelche anderen Launen hat. Fördert auch das keine schlechten Eigenschaften zutage, bietet er die Hälfte des geforderten Preises – aus Prinzip und aus Sorge, er könne einen Mangel übersehen haben.

Im Großen und Ganzen gilt für Männer und Pferde das Gleiche. Es gibt nichts Besseres, als einen Burschen eine Weile im Harnisch auszuprobieren, bevor du dich mit ihm auf eine lange Reise begibst.

Ich erinnere mich, dass ich einem gutaussehenden, glattrasierten Mann allein wegen seiner äußeren Erscheinung eine Stelle in der Rechnungsabteilung verschaffte, aber er erwies sich als so unbegabt im Umgang mit Zahlen, dass ich ihn am Ende der Woche entlassen musste. Es schien, als habe er an dem Morgen, an dem er mich um Arbeit bat, seine Rasierklinge für fünfzehn Cent verpfändet, um eine Rasur zu bezahlen. Hätte ich das vorher gewusst, hätte ich ihn nicht als menschliche Rechenmaschine eingestellt.

Ein anderes Mal hatte ich einen Geldeintreiber, auf den ich große Stücke hielt. Wenn man mit ihm sprach, zeigt er stets ein tadelloses Verhalten und war immer darauf bedacht, einen erstklassigen Eindruck zu hinterlassen. Sein Gehalt war nicht sehr hoch, aber er hatte eine solch überzeugende Art, dass es schien, als ziehe er aus jedem Dollar den Wert von eineinhalb Dollar. Modisch war er immer auf dem neuesten Stand. Wenn zum Sommerhemd Schärpen getragen wurden, kannst du darauf wetten, dass Charlie eine besaß. Und wenn enge Hosen als das Höchste der Eleganz galten, trug Charlie seine doppelt gerefft. Egal von welcher Seite man ihn betrachtete, er machte einen makellosen Eindruck, äußerlich und was sein Verhalten betraf – umsichtig, rücksichtsvoll und zuvorkommend.

Nachdem er ein oder zwei Jahre bei mir gearbeitet hatte, traf ich Charlie eines Mittags auf dem Rückweg von seiner Route. Da er etwas verdrießlich wirkte, gab ich ihm als kleine Aufmunterung fünfzig Dollar. Nie habe ich erlebt, dass ein Fünfziger einen Mann so aufheitern konnte wie den guten, alten Charlie. Er bedankte sich und verhielt sich dabei wie immer tadellos – weder geriet er ins Stammeln noch schwelgte er in Dankeshymnen. Im Geiste merkte ich ihn mir für eine Gehaltserhöhung und einen besseren Posten.

Gleich darauf versenkte ich mich in meine Arbeit und blickte bis kurz vor Feierabend nicht mehr auf. Als ich gerade aus der Tür treten wollte, stand der Büroleiter vor mir, der ebenfalls verdrießlich dreinblickte.

»Gerade wollte ich an Ihre Tür klopfen«, sagte er.

»Worum geht es?«, fragte ich.

»Bei Charlie Chasenberry fehlen achthundert Dollar von dem Geld, das er eingetrieben hat.«

»Oh weh«, sagte ich ohne mit der Wimper zu zucken, hatte aber dennoch ein flaues Gefühl im Magen.

»Ich hatte einen Polizisten in Zivil hier, um ihn heute Abend festnehmen zu lassen, aber er ist nicht erschienen.«

»Sieht so aus, als habe er sich aus dem Staub gemacht, was?«, fragte ich.

»Ich befürchte es, aber ich kann mir nicht erklären, wie es ihm gelungen ist. Heute Morgen besaß er keinen Cent, denn er hat versucht, sein Gehaltskonto zu überziehen. Aber das habe ich nicht zugelassen, und er hat heute keine Rechnungen eingetrieben, weil er das ganze Geld, das er diese Woche hereinholen sollte, bereits kassiert und beim Wetten verloren hat.«

Ich schwieg, aber ich vermutete, dass es irgendwo im Büro einen tüchtigen Narren gab. Am nächsten Tag hatte ich Gewissheit, als ich von dem stets zuvorkommenden und aufmerksamen Charlie ein Telegramm aus Montreal mit dem Text erhielt: »Vielen, vielen Dank, lieber Mr. Graham, für Ihre rasche Unterstützung.«

Sorgfältig wie immer, denn die Botschaft bestand aus genau zehn Worten. Das »vielen, vielen Dank, lieber Mr. Graham« war allerdings das Gewagteste an Dankeshymne, das ich je aus seinem Mund vernommen hatte.

Ich betrachte die kleine Lektion, die Charlie mir für achthundertfünfzig Dollar erteilt hat, als billig erworben und gebe sie an dich weiter, weil sie dir in deinem Erfahrungsschatz möglicherweise tausend oder zweitausend erspart.

Dein dir zugetaner Vater,
JOHN GRAHAM

BRIEF 14

John Graham
von den Union Stock Yards in Chicago
an
seinen Sohn Pierrepont
im The Travelers' Rest, New Albany, Indiana

Mr. Pierrepont hat an der Terminbörse von Chicago einen kurzen Höhenflug erlebt, indem er mit Querrippen spekuliert hat, und sein Vater hat Wind davon bekommen.

Chicago, 15. Juli 189_

Lieber Pierrepont,
gestern habe ich den jungen Horshey von Horshey & Horter, die Makler für Getreide und Proviant, zum Mittagessen getroffen und während wir über das Börsengeschäft mit Schweinefleisch sprachen, fiel irgendwie dein Name, und er beglückwünschte mich zu einem derart cleveren Sohn. Wie ein alter Narr räumte ich ein, du seiest intelligent genug, um deine Pflichten ordnungsgemäß zu erfüllen, wenngleich ich es besser hätte wissen müssen. Denn es scheint, als könne ich nie damit prahlen, wie solide und zuverlässig du bist, ohne hinterher einen Rückzieher machen zu müssen.

Horshey war so darauf versessen zu beweisen, dass du ein echtes Schwergewicht bist – er möchte ein wenig von meinem Börsengeschäft für mich übernehmen –, dass er mir überzeugend darlegte, dass du ein Leichtgewicht bist. Sagte mir, du hättest ihn letzte Woche beauftragt, hunderttausend Rippen leerzuverkaufen und er habe sie auf ein Telegramm von dir hin soeben mit einem Gewinn von vierhundertsechzig Dollar zurückgekauft. Du darfst mir glauben, dass ich sehr darüber erzürnt war, dass du an der Börse spekuliert hast; aber ich musste es trocken herunterschlucken und ihm beipflichten, du seist ein äußerst cleverer Bursche. Ich bat Horshey, das Konto zu glätten und mir einen Scheck über deinen Gewinn zu senden, den ich dir dann weiterleiten würde, da ich dir einige Hinweise über die Börse geben wolle, bevor du weitere Geschäfte machst.

Der Scheck liegt anbei. Bitte indossiere ihn auf den Schatzmeister des Heims für Halbwaisen und sende ihn unverzüglich zurück. Ich werde dafür sorgen, dass er ihn mit deinen besten Empfehlungen erhält.

Und nun möchte ich dir die erwähnten Hinweise zum Börsenmarkt geben. Es gibt mehrere Gründe, weshalb es keine gute Idee ist, hier und jetzt an der Börse zu spekulieren, aber der wichtigste ist, dass Graham & Co. dich feuern wird, wenn du es tust. Der Leerverkauf ist so, als paddele man am Rande eines tiefen Teichs – zunächst wirkt das Wasser seicht und leicht, aber bevor du dich versiehst, hast du das seichte Ufer verlassen und befindest dich in tiefem Wasser. Die Weizenbörse ist nur neunzig Meter entfernt, aber sie reicht eindeutig bis zur Hölle. Und Leerverkauf bedeutet, an den zerfransten Enden des Nichts zu spekulieren. Ein Leerverkäufer handelt mit etwas, das er nicht besitzt, und wenn jemand von einem solchen Händler kauft, erwirbt er etwas, das der Verkäufer erst beschaffen muss. Und nach meiner Erfahrung ist der Nettogewinn von nichts weniger als nichts. Wenn ein Spekulant gewinnt, hört er nicht auf, bis er verliert; und wenn das passiert, muss er weitermachen, bis er wieder gewinnt.

Du bist lange genug im Fleischverpackungsgeschäft, um zu wissen, dass es nur dreißig Sekunden dauert, bis man einem Bullen das Fell abgezogen hat. Und wenn du mir glaubst, dass sie an der Börse in derselben Zeit einen Bären häuten, kannst du vermeiden, dass sich ein Indianer vom Board of Trade in den langen Wintermonaten in dein Fell einhüllt.

Nur weil du der Sohn eines Fleischpackers bist, denkst du vielleicht, dass du ein wenig mehr als die anderen über riskante Spekulationen mit Schweinefleisch weißt. Das ist Unfug. Die ärmsten Männer der Erde sind die Verwandten von Millionären. Wenn ich Terminkontrakte an der Börse abschließe, dann auf Schweine, die im Sekundentakt durch Trockensalz wandern, und wenn der Markt anzieht, habe ich festes Fleisch zu bieten. Wenn du aber bei einem Leerverkauf verlierst, kannst du von deinen Schweinen nur das Kreischen liefern.

Ich wäre in dieser Angelegenheit nicht so harsch und unnachgiebig, wenn Geld das Einzige wäre, das ein Mann an der Börse verlieren kann. Aber wenn ein Mitarbeiter Schweinefleisch leerverkauft und der Markt tatsächlich nachgibt, wird er als Dreingabe zu seinem Gewinn wahrscheinlich eine Menge löchriger Ideen und schlechter Angewohnheiten entwickeln. Aber wenn der Markt stattdessen anzieht, wird er voraussichtlich sogar seine Selbstachtung leerverkaufen, um sein Geld zurückzubekommen.

Die meisten Männer glauben, sie könnten ihr gesamtes Vermögen in barem Geld ausrechnen, ein Kaufmann kann aber durchaus hunderttausend Dollar schulden und dennoch solvent sein. Um bankrott zu sein, bedarf es mehr, als Geld zu verlieren. Wenn ein Mann Rückgrat und einen klaren Blick hat, müssen sich seine Gläubiger nachts nicht schlaflos im Bett wälzen. Man kann seine Schlechtigkeit hinter Gedanken und Worten verstecken, aber die Augen und das Rückgrat täuschen nicht. Auch wenn die Zunge lügt, die Augen verraten immer die Wahrheit.

Ich weiß, dass du denkst, der alte Herr mache viel Aufhebens um einen kleinen Börsenausflug. Ich habe aber schon einige wesentlich cleverere Burschen als dich vor größeren Unannehmlichkeiten bewahrt, als sie meinten, sie könnten das Board of Trade mit Schweinefleisch aus meiner Kassenschublade füttern, nachdem sie ihre Ersparnisse mit einigen Fehlspekulationen verprasst hatten.

Du musst lernen, einem Dollar nicht mehr zuzumuten als einem Pferd. Drei Prozent sind ein magerer Gewinn, sechs ein sicherer. Wenn dir der Dollar zehn Prozent einbringt, bist du wahrscheinlich auf eine Goldader gestoßen, und du musst aufpassen, dass sie nicht versiegt. Wenn er dir zwanzig beschert, besitzt du eine verdammt gute Mähre oder eine verdammt närrische, und dann willst du genau wissen, was von beidem zutrifft. Aber wenn du hundert Prozent Gewinn machst, setzt du auf Pferdewetten oder irgendeine andere hoch riskante Sache, und ehe du dich versiehst, wirst du nicht mal einen Pferdekadaver haben, den du zu Leim verarbeiten könntest.

Ich mache so viel Wind um die Börsenspekulation, weil du dein ganzes Leben lang in der Nähe des Board of Trade leben wirst und es eine gute Idee ist, etwas über den Nachbarhund zu wissen, bevor man versucht, sich ihm zu nähern. Sichere Investitionen, Unkomplizierte Tipps und Todsichere Gewinne werden mit wedelndem Schwanz auf dich zurennen und so unschuldig dreinblicken, als hätten sie nicht gerade erst ein Schaf gerissen, und ehe du dich versiehst, schnappen sie zu. Was Börsenspekulation betrifft, führt der einzig sichere Weg weit fort vom Board of Trade.

Bei dieser Gelegenheit fällt mir automatisch mein alter Freund Diakon Wiggleford ein, den ich vor vielen Jahren in Missouri kennenlernte. Der Diakon war ein mächtig frommer Mann und sehr erleuchtet; für das Erhellen seines Verstands verwendete er allerdings nur einen minderwertigen Spiritus.

Bei den Gebetsstunden redete er die halbe Zeit darüber, dass wir in den gefährlichen Gewässern des Lebens alle nur unsichere Nussschalen seien, gesteuert von Leichtmatrosen, die sich mir nichts dir nichts vom Kurs abbringen ließen. Aber er war so damit beschäftigt, seine Schäfchen zu ermahnen, sie mögen aus der Fülle geben, mit denen der Herr sie gesegnet habe, dass er darüber ganz vergaß, dass ihm der Herr ein Vermögen von fünfzigtausend Dollar beschert und es in überaus sicheren Immobilien geparkt hatte.

Der Diakon hatte einen Bruder, der Börsenmakler in Chicago war und den Worten des Diakons zufolge nicht nur höchst sündhaften Geschäften nachging, sondern auch ein äußerst schlechter Hüter seiner sündhaften Gewinne war. Rauchte Zigarren und kaute Tabak. Trank ein wenig, fluchte ein wenig und ging in die Episkopalkirche, obwohl er aus methodistischem Hause stammte. Alles in allem sah es so aus, als sei Bill ein recht unverbesserlicher Wüstling.

Nun, einmal im Herbst beschloss der Diakon, selber nach Chicago zu reisen und seinen Winterproviant einzukaufen, und natürlich quartierte er sich bei Bruder Bill ein, was ihn wesentlich billiger kam als das Palmer House, wenngleich es ihn krankmachte – so berichtete er uns nach seiner Rückkehr –, so viel Verschwendung zu sehen.

Der Diakon, der stets damit prahlte, dass ihn nichts von seiner Pflicht abhalten könne – was nichts anderes bedeutete, als dass er sich ständig in anderer Leute Angelegenheiten einmischte –, verlor keine Zeit und hielt Bruder Bill vor, seiner Meinung nach sei er nicht viel besser als ein Faro-Spieler. Ich muss dazusagen, dass wenn die meisten Männer von Pflicht sprechen, damit im Allgemeinen irgendetwas Unangenehmes meinen, dass ein anderer ihrer Ansicht nach tun sollte. Tatsächlich ist es die erste Bürgerpflicht eines jeden Mannes, sich um seine eigenen Angelegenheiten zu kümmern. Nach meiner Erfahrung bedarf es der uneingeschränkten Aufmerksamkeit und Arbeit eines Mannes, den Charakter eines einzigen Menschen zu bilden, und wenn sich jemand jeden Tag fünf oder sechs Stunden mit dem Wesen seines Nachbarn beschäftigt, vernachlässigt er höchstwahrscheinlich sein eigenes.

Jedenfalls, als Bruder Bill an jenem ersten Abend von seinem Geschäft nach Hause zurückkehrte, belehrte ihn der Diakon, mit jeder Zigarre, die er sich anzünde, beraube er einen Zulu um fünfundzwanzig hilfreiche kurze Traktate, die aus ihm einen besseren Menschen hätten machen können. Dass schnelle Pferde ein Fallstrick und Kautabak ein teuflisches Laster seien; dass der Board of Trade der Tempel von Belial und die Börsenmakler seine Söhne und Diener seien.

Bruder Bill hörte ihm äußerst geduldig zu, und als der Diakon seine Gardinenpredigt beendet hatte und endlich Luft holte, gab er sich unterwürfig wie ein junger Setter, der mit Federn an der Schnauze erwischt wurde.

»Bruder Zeke«, sagte er. »Ich werde deine Worte ganz gewiss auf mich wirken lassen. Ich möchte ein aufrechter, fester, solider Mann sein und am Tag der Abrechnung eine saubere Weste haben. Vielleicht, wie du sagst, habe ich Rostflecken angesetzt und werde vor dem gestrengen Auge des Herrn nicht bestehen. Und wenn ich zu dieser Erkenntnis gelange, werde ich meine Handelskonten glattstellen und den Markt für immer verlassen.«

Der Diakon wusste, dass Bruder Bill, der Junggeselle war, es mit der Börsenmaklerei zu einem stattlichen Vermögen gebracht hatte und er, sein Bruder, Alleinerbe wäre, falls Bill plötzlich ins Jenseits abberufen werden sollte. Was er in Wahrheit fürchtete, war, dass dieses Vermögen womöglich durch einen aufwendigen Lebensstil und riskante Spekulationen verschleudert würde. Und so hatte er mit der Schrotflinte auf den ganzen Vogelschwarm gezielt, in der Hoffnung, diese beiden Vögel zu erlegen. Nun, da es so aussah, als habe er seinem Bruder das Börsengeschäft gänzlich vergällt, versuchte er zu retten, was noch zu retten war.

»Ist es sicher, William?«, fragte er.

»Wie die Sonntagsschule«, erwiderte Bill. »Wenn du dich auf das reine Maklergeschäft beschränkst und nicht spekulierst.«

»Ich vertraue darauf, William, dass dir die Verantwortung deiner Treuhänderrolle bewusst ist?«

Bill ließ einen tiefen Seufzer vernehmen. »Zeke«, sagte er. »Du hast mich in die Ecke getrieben und ich könnte genauso gut aufstehen und aus dem Geschäft aussteigen. Bis letzte Woche, als ich deinen Brief erhielt, in dem du deinen Besuch angekündigt hast, habe ich noch nie einen Scheffel auf eigene Rechnung gekauft oder verkauft. Dann sah ich eine sichere Gelegenheit, den Markt um ein paar Cent pro Scheffel zu erleichtern und habe für zehntausend Terminkontrakte gekauft, mit der Absicht, dir den Gewinn als kleines Geschenk zu überreichen, damit du die Stadt erkunden und dir eine schöne Zeit machen kannst, ohne dass es dich einen Cent kostet.«

Aus Bills Gesichtsausdruck entnahm der Diakon, dass sein Bruder einer Fehlspekulation aufgesessen war und nun den Verlust bei ihm abladen wollte. Also setzte er eine kummervolle, aber zugleich strenge Miene auf, die er bei der Bestattung aller derjenigen verwendete, die zu Lebzeiten keine Professoren gewesen waren, und erwiderte: »William, ich bin überrascht, dass du glaubst, ich würde Geld annehmen, das du mit Glücksspiel gewonnen hast. Möge dir dies als Lektion dienen. Wie viel hast du verloren?«

»Das ist das Schlimmste – ich habe nichts verloren; ich habe zweihundert Dollar gewonnen«, seufzte Bill erneut.

»Zweihundert Dollar gewonnen?«, wiederholte der Diakon und setzte die Miene auf, die er verwendete, wenn er eine Bleimünze in seiner Geldkassette fand und nicht wusste, wer sie ihm untergeschoben hatte.

»Ja«, fuhr Bill fort, »und ich schäme mich dafür, denn du hast mich die Dinge in einem anderen Licht sehen lassen. Nach allem, was du gesagt hast, weiß ich, dass es eine Beleidigung wäre, wenn ich dir das Geld anbieten würde. Und jetzt habe ich das Gefühl, als müsse ich darauf schlafen und versuchen, die richtige Verwendung dafür zu finden.«

Ich gehe davon aus, dass Bills Nachtruhe nicht allzu empfindlich gestört wurde, aber du kannst darauf wetten, dass der Diakon Totenwache über die zweihundert Dollar hielt. Am nächsten Morgen bat er Bruder Bill beim Frühstück, ihm alles über das Spekulationsgeschäft zu erklären, welche Dinge den Markt ansteigen oder nachgeben ließen, und ob Mais, Weizen oder Schweinefleisch im Börsenhandel vorkämen. Bill wirkte irgendwie traurig und sein Blick war verschleiert, so als habe sein Gewissen die zweihundert Dollar Gewinn noch nicht verdaut, aber er gab sich große Mühe, Zeke alles haarklein auseinanderzusetzen. Er setzte die Miene auf, die er zur Schau stellte, wenn er einem leichtgläubigen Kunden gemahlene Erbsen und Zichorie als O. G. Java verkaufte, wobei er ab und zu deutlich vernehmbar schluckte, so als hebe er an, die Hymne anzustimmen.

Als Bill ihm erklärte, dass sowohl gutes als auch schlechtes Wetter die Börsenkurse steigen oder fallen ließe, nickte der Diakon und sagte, dieser Teil sei ohne Sünde, weil das Wetter vom Allmächtigen gemacht sei.

»Nicht am Board of Trade«, erwiderte Bill. »Es stammt von der Wettervorhersage oder irgendeinem Schwindler vom Maisgürtel, und da sich der Wettermann meist mit seiner Prognose irrt, nehme ich an, dass Letztere keiner besonderen Inspiration bedarf. An der Börse geht es darum zu raten, wie sich eine Sache in der Zukunft entwickelt und nicht darum, wie sie sich entwickelt hat. Wenn das echte Wetter kommt, haben alle falsch geraten und den Markt um ein oder zwei Cent nach unten gedrückt.«

Das ließ die Bartzipfel des Diakons ein wenig herabhängen, aber dann stellte er weitere Fragen und entdeckte nach und nach, dass irgendwo ganz weit hinter einem Termingeschäft – ungefähr hundert Meilen weg, aber für den Diakon war das nahe genug – echter Weizen und echtes Schweinefleisch standen. Sagte, er sei falsch informiert gewesen und einem Irrglauben aufgesessen; die Spekulation sei ein legitimes Geschäft, das Weisheit und Urteilsfähigkeit erfordere; seine letzten Skrupel seien beseitigt und er akzeptiere die zweihundert Dollar.

Angesichts dieser Worte heiterte sich Bills Miene sofort auf, und er dankte seinem Bruder dafür, dass dieser die Dinge so klar benannt und die Zweifel beseitigt habe, die ihn zermartert hatten. Sagte, nachdem er dem kundigen Vortrag des Diakons gelauscht habe, könne er nun mit reinem Gewissen spekulieren. Es tue ihm nur leid, dass er nicht vor dem Frühstück mit ihm habe sprechen können, denn die zweihundert seien ihm die ganze Nacht so schwer auf der Seele gelegen, dass er sehr früh aufgestanden sei und einen Scheck über diese Summe an den Diakoniepfarrer gesendet und ihn gebeten habe, das Geld für die Armen zu spenden.

Zeke kehrte noch am selben Abend mit dem Zug zurück nach Hause, um Doc Hoover den Scheck abzuluchsen. Doch der alte Hoover war selber ziemlich zackig in seinen Entscheidungen und hatte bereits die gesamten zweihundert verpulvert, kaum dass er sie in die Hände bekommen hatte und dafür Winterkohle für die Armen gekauft.

Ich erwähne den Diakon nur ganz nebenbei als Beispiel für die Tatsache, dass ein Mann, der von sich glaubt, Charakterstärke zu besitzen, durchaus vom rechten Weg abkommen kann, wenn er neben dem schmalen, geraden Pfad mehrere hundert Dollar herumliegen sieht. Wenn er sich bückt, um die Scheine aufzuheben, ist meist eine Schnur daran befestigt, an deren Ende ein kleiner Junge hinter einem Busch im richtigen Augenblick zieht. Leicht verdientes Geld erwirtschaftet keine Zinsen; leicht geliehenes Geld zahlt Wucherzinsen.

Selbstverständlich haben der Board of Trade und jede andere Handelsbörse ihre legitime Verwendung, aber alles, was du hier und jetzt wissen musst, ist, dass die Spekulationsgeschäfte eines Mannes, der nie mehr Schweinefleisch besitzt, als er morgens auf seinem Frühstücksteller sieht, nicht dazugehören. Wenn du irgendwann selber Fleischpacker bist, kannst du als Händler an die Börse gehen; bis dahin kannst du dort nur den Schwachkopf mimen.

Dein dir zugetaner Vater,
JOHN GRAHAM

BRIEF 15

John Graham
von den Union Stock Yards in Chicago
an
seinen Sohn Pierrepont
in The Scrub Oaks, Spring Lake, Michigan

Mr. Pierrepont wurde erneut befördert und sein alter Herr sendet ihm zu diesem Anlass einige Ratschläge.

Chicago, 1. September 189_

Lieber Pierrepont,
aus deinem Schreiben vom neunundzwanzigsten entnehme ich, dass du wirklich gut im Spinnen von Seemannsgarn bist und sich die Barsche vor dir fürchten. Ich habe nie wirklich herausgefunden, was es ist, aber es scheint irgendetwas an allem Fischigen zu geben, das selbst einen abgehärteten Diakon doppelt sehen lässt. Ich nehme an, das geht darauf zurück, dass während Eva die wichtigsten Prinzipien des Kleidermachens von einer Schlange lernte, Adam mit Seemannsgarn angelte und seinen Teil erfüllte, indem er das Lügen erlernte.

Du solltest jedoch nicht zu viel Seemannsgarn spinnen, weil die Burschen so viel aus ihrem Urlaub mitgebracht haben, dass wir die gesamten Stock Yards in Netze einwickeln können. Und wenn du es spinnst, um nicht die Übung zu verlieren, kannst du gleich wieder damit aufhören, weil wir beschlossen haben, dich bei deiner Rückkehr von der Straße zu nehmen und dich zum stellvertretenden Leiter der Speckabteilung zu machen. Dein Gehalt wird fünfzig Dollar pro Woche betragen und deine Aufgabe wird sein, deine Arbeit so gut zu machen, dass der Leiter diesen Bereich nicht ohne dich führen kann, und dass du die Abteilung ohne den Vorgesetzten leiten kannst.

Damit dir das gelingt, musst du alles über Speck wissen; dich selbst sowie deine Untergebenen kennen. Für einige Männer ist Speck einfach Schweinefett, und sie unterschätzen ihn, denn sie würden lieber heute einen Dollar als morgen fünf verdienen. Speck bedeutete für Jack Summers, der diese Position bekleidete, bis wir ihn in die Konservenabteilung beförderten, sehr viel mehr.

Jack wusste alles über Speck, von der lebendigen Schwarte bis zur Bratpfanne; kannte die Geschichte des Specks und dessen Platz in der Religion; war der Urheber der »Schinken-und«-Theorie, wie er es nannte. Und Jack bewies, dass Moses' Verbot von Schweinefleisch vom zuständigen Bezirksgericht wieder aufgehoben worden sein musste, weil Noah einige Ferkel in seine Arche packte und einen seiner Söhne Ham nannte – wahrscheinlich aus Dankbarkeit –, nachdem er zum ersten Mal eine Scheibe Grillspeck probiert hatte. Jack argumentierte, alle großen Nationen lebten von gebratenen Nahrungsmitteln und Amerika sei die größte unter ihnen, dank der energiespendenden Pastete, deren Teig viel Speck enthalte.

Als wir beschlossen, Seedoiline, unser neues Öl aus Baumwollsamen, zu produzieren, brach es Jack fast das Herz. Aber bei eingehender Betrachtung erkannte er, dass er damit ein zusätzliches Argument gegenüber den Heiden hatte, die er nicht zum Speck- und Schmalzverzehr bewegen konnte, und so machte er sich gleich daran, die Hebräer und Vegetarier zu gewinnen. Jack besaß Enthusiasmus, und diese Eigenschaft ist die beste Zutat für jeden Job, denn sie macht schwere Arbeit leicht.

Viele junge Burschen beneiden ihren Boss, weil sie glauben, er bestimme die Regeln und könne tun, wie ihm beliebt. Tatsächlich ist er der Einzige in der Fabrik, der das nicht kann. Er ähnelt einem Seiltänzer – unter ihm gibt es vielfältige Landschaften und um ihn herum ist viel Raum, aber er muss stets mit viel Bedacht einen Fuß vor den anderen setzen und sich schnurstracks voranbewegen.

Ein Angestellter hat nur einen Vorgesetzten, dem er gehorchen muss – den Abteilungsleiter. Letzterer hat dagegen so viele Vorgesetzte, wie er Untergebene hat. Er kann zwar die Regeln aufstellen, aber er ist der Einzige, der sie nicht ab und zu brechen darf. Ein Mann ist einfach deswegen Vorgesetzter, weil er besser ist als seine Untergebenen, und diese Überlegenheit birgt große Verantwortung.

Niemand kann mehr verlangen, als er selber zu leisten bereit ist. Ein Mann, der keine Anweisungen akzeptieren kann, kann auch keine erteilen. Wenn seine Regeln so streng sind, dass er selber sie nicht einzuhalten vermag, dann kannst du darauf wetten, dass sie auch für die Angestellten zu strikt sind, die nicht die Häfte seines Gehalts dafür bekommen, dass sie sich an die Bestimmungen halten. Für die Schlafmütze gibt es keinen besseren Wecker als einen Abteilungsleiter, der früh zu arbeiten anfängt; und nichts weckt mehr Emsigkeit im Büro als ein fleißiger Vorgesetzter.

Natürlich ist die Vorbildfunktion nur ein kleiner Teil der Pflichten eines Abteilungsleiters. Es reicht nicht aus, es sich auf dem Kutschersitz bequem zu machen; du musst auch die Zügel in die Hand nehmen und jeden Untergebenen in die korrekte Richtung lenken. Du kannst Individuen nicht nach allgemeinen Regeln führen. Jeder Mann ist ein Spezialfall und braucht eine eigene Behandlung.

Wenn du für eine Plymouth-Rock-Henne ein gemütliches kleines Nest einrichtest und sie mit einem hübschen Porzellanei zum Eierlegen anspornst, folgt daraus nicht unbedingt, dass sie sich zum Suppenhuhn qualifiziert, weil sie nicht sofort Eier produziert. Manchmal braucht sie einfach nur ein wenig roten Pfeffer in ihrem Futter.

Ich meine damit nicht, dass du deinen Männern einpeitschen sollst, denn die Peitsche hinterlässt die größten Wunden unter der Haut. Hundert Burschen werden einen Schlag ins Gesicht vergeben, aber nur einer eine Ohrfeige für seine Selbstachtung. Sage einem Mann die Wahrheit über ihn und beschäme den Teufel, wenn du willst, aber beschäme nicht denjenigen, den du erreichen willst, denn er wird dir nicht glauben. Wenn es dir aber gelingt, ihn auf den richtigen Pfad zu lenken, wird er höchstwahrscheinlich von alleine versuchen, sich zu bessern, bevor irgendjemand mit dem Finger auf ihn zeigt.

Überlege es dir gut, bevor du ein hartes Wort zu jemandem sagst, aber lasse nie eine Gelegenheit aus, ein gutes Wort zu sagen. Ein klug angebrachtes Lob ist gut investiertes Geld.

Bringe nie etwas über einen Angestellten in Erfahrung, außer aus seinem eigenen Mund. Ein guter Vorgesetzter braucht keine Detektive, und der Mann, der die menschliche Natur nicht lesen kann, taugt nicht zum Boss. Die Grammophonplatte des Charakters eines Mannes sind die Linien in seinem Gesicht, wobei seine Tage die Geheimnisse seiner Nächte offenbaren.

Handle mit Bedacht, wenn du Leute einstellst, aber kündige rasch. Der Zeitpunkt, um die Unvereinbarkeit von Charakter und Lockenpapier festzustellen, ist vor der Hochzeitsfeier. Wenn du merkst, dass du den falschen Mann eingestellt hast, kannst du ihn gar nicht schnell genug loswerden. Zahle ihm einen zusätzlichen Monat Gehalt, aber lass ihn keinen weiteren Tag arbeiten. Ein gekündigter Angestellter ist wie ein Splitter im Daumen – eine ständig schmerzende Stelle. Von dieser Regel gibt es keine Ausnahme, weil es keine Ausnahmen von der menschlichen Natur gibt.

Drohe nie, weil eine Drohung ein Zahlungsversprechen ist, dessen Einhaltung nicht immer eine gute Idee ist. Und wenn du es nicht einhältst, beschädigst du deine Glaubwürdigkeit. Halte eine Drohung so lange zurück, bis du handlungsbereit bist, dann brauchst du sie gar nicht mehr. Was immer du tust, bedenke stets, dass deine Chance heute ist; morgen gehört sie einem anderen.

Wahre die Nähe zu deinen Leuten. Wenn ein Mann auf einem Berggipfel sitzt, befindet er sich in einer äußerst würdevollen, hervorgehobenen Position. Aber wenn er in die Wolken blickt, versäumt er eine Menge interessanter und wichtiger Dinge, die im Tal passieren. Du darfst natürlich nie deine Würde verlieren, aber wickle deine Autorität gut ein und verstaue sie im Tresor. Einem Vorgesetzten fällt es leicht, seine Angestellten in Ehrfurcht zu versetzen, aber ein Mann, dessen Angesicht alle in Angst und Schrecken versetzt, wird gehasst, sobald er seinen Leuten den Rücken kehrt. Ein kompetenter Vorgesetzter kann sich unter seinen Angestellten bewegen, ohne die imaginäre

Grenze zwischen sich und seinen Untergebenen zu ziehen, weil sie diese Linie instinktiv erkennen und respektieren.

Abgesehen von der Nähe zu deinen Büromitarbeitern solltest du auch nah bei deinen Verkäufern bleiben. Sende ihnen jeden Tag einen Brief, sodass sie nicht vergessen, dass wir Waren herstellen, für die wir Aufträge brauchen. Und bestehe darauf, dass sie dir täglich eine kurze Meldung schreiben, ob sie etwas zu sagen haben oder nicht. Wenn ein Mann sechsmal die Woche an die Firma berichten muss, hat er seine Ausreden sehr schnell verbraucht, und wahrscheinlich wird er sich fleißig an die Arbeit machen, damit der siebte Brief interessant ist.

An dieser Stelle will ich noch einmal wiederholen, wie wichtig es ist, dass du bei der Kontrolle anderer und ihrer Fehler die eigenen nicht übersiehst. Autorität lässt einige Männer so anschwellen, dass sie ihre Hühneraugen nicht mehr sehen können. Ein kluger Mann behandelt seine eigenen und erinnert sich zugleich daran, nicht auf die Hühneraugen anderer zu treten.

In diesem Zusammenhang fällt mir die Geschichte von Lemuel Hostitter ein, der das Eckgeschäft in meiner alten Heimatstadt besaß. Lem war wahrscheinlich der knauserigste weiße Mann im Bundesstaat Missouri, und diese Auszeichnung war damals nicht leicht zu erringen.

Die meisten Lebensmittelhändler gaben sich damit zufrieden, ihren Kaffee mit gerösteten und gemahlenen Erbsen zu strecken, aber Lem war so verdammt geizig, dass er vorher noch die Erbsen streckte. Er kaufte Schinken mit Quetschstellen und behauptete, diese Stellen seien seine besondere private Marke, die in die Haut geprägt sei und beweise, dass es sich um einen besonders hochwertigen Artikel handele, extra abgepackt für sein edles Familienunternehmen.

Im Eingangsbereich zu seinem Laden betrieb Lem eine Getränketheke, an der er hausgemachten Syrup verkaufte, der den Kindern die Magenschleimhaut wegätzte, und eine illegale Trinkstube im Hinterzimmer, in der er schwarz gebrannten Schnaps ausschenkte, der das Innere ihrer Väter pökelte. Alles in allem kann man sagen, dass Lems Charakter so zwielichtig war wie sein Laden und nach allem roch, nur nicht nach Lilien.

Früher oder später trafen sich die meisten Männer bei Lem, weil es keinen anderen Platz gab, wo sie hätten hingehen können, und tauschten Lügengeschichten über die Ernte und alle Nachbarn aus, die gerade nicht anwesend waren. Da Lem immer im Laden war, war er am Ende der einzige Mann, über dessen Knauserigkeit nie ein hämisches Wort verloren wurde. Das weckte in ihm die Überzeugung, er sei der einzige anständige weiße Mann im ganzen Bezirk. Schüttelte ständig seinen Kopf und schimpfte, der ganze Ort sei bis ins Mark verrottet. Sagte, ein solches Treiben mache selbst noch eine Ziege zum Pessimisten. Wollte wissen, ob sich die öffentliche Meinung nicht erheben könne, um den Anstand im Ort wiederherzustellen.

Irgendwann hört man das, wonach man fragt, und am Ende erfuhr Lem die öffentliche Meinung. Eines Abends lieh sich der Ortsverband der Frauenorganisation Woman's Christian Temperance Union alle verfügbaren Äxte in der Stadt und machte Kleinholz aus dem Hinterzimmer, wenngleich Lems Whiskey so mies war, dass selbst der Boden ihn nicht aufsaugen mochte. Der Lärm trieb die Männer herbei und irgendwie ließen sie sich vom Geist der resoluten Damen anstecken. Als sie fertig waren, machten Lems Einrichtung und seine Vorräte einen reichlich erbärmlichen Eindruck, und ihn selbst hatten die Leute aus der Stadt gejagt.

Ich weiß nicht, ob ich je einen überraschteren Mann als Lem gesehen habe. Er konnte nicht einmal fluchen. Aber da er nie zurückkehrte, um eine Erklärung zu verlangen, nehme ich an, dass er von alleine darauf kam, dass sie ihn loswerden wollten, weil er zu gut für die Stadt war.

Ich erwähne Lem nur so ganz nebenbei als Beispiel für die Tatsache, dass es eine gute Idee ist, einen Schritt aus dir selbst herauszutreten und dich von außen zu betrachten, sobald du dir eine Meinung von deinem Mitmenschen gebildet hast. Füge deiner Einschätzung von ihm fünfzig Prozent für versteckte Tugenden hinzu und ziehe von deiner Selbstbewertung fünfzig Prozent für Fehler ab, die du bei deiner Bestandsaufnahme übersehen hast, dann hast du ein recht zutreffendes Ergebnis.

Dein dir zugetaner Vater,
John Graham

BRIEF 16

John Graham
vom Schweitzerkasenhof, Karlsbad, Österreich,
an
seinen Sohn Pierrepont
in den Union Stock Yards, Chicago

Mr. Pierrepont zeigt milde Symptome einer Ansteckung mit dem Gesellschaftsfieber, und sein Vater wendet einige einfache Heilmittel an.

Karlsbad, 6. Oktober 189_

Lieber Pierrepont,
falls du zufällig Doc Titherington triffst, sag ihm, er möge sich in Form bringen, denn ich werde bestimmt stark genug sein, um ihm einen heftigen Schwinger zu verpassen, wenn ich zurück bin. Nach der von ihm empfohlenen zehntägigen Schiffsreise und diesen deutschen Ärzten bin ich fast gesund, aber auch fast bankrott. Es ist nicht nötig, hier Bäder zu nehmen, um den Rheumatismus zu kurieren – die ärztlichen Rechnungen treiben ihn jedem von alleine aus.

Es heißt, wir hätten eine recht ruhige Überfahrt gehabt, und ich will dem auch gar nicht widersprechen, weil ich die ersten Tage so damit beschäftigt war, mich in meiner Koje zu halten, dass ich gar nicht dazu kam, aus der Luke zu spähen, um mir selber ein Bild zu machen. Ich glaube, es gibt kein einziges Lebewesen auf der Welt, das mehr unter Seekrankheit leidet als ich, außer vielleicht ein Kamel, aber das hat drei Mägen.

Als ich mich endlich erheben und herumlaufen konnte, war ich zum großen Teil alleine, denn die alten Herren spielten im Raucherzimmer Poker und alle jungen Männer lungerten unter den Booten herum – bis ich herausfand, dass wir im Zwischendeck einige hundert Ochsen mit uns führten. Sie sahen sehr heimwehkrank aus, und ich nehme an, sie erkannten, dass ich von weit weg aus Chicago war, denn wir freundeten uns gleich an. Es war eine äußerst sympathische Ochsenherde und ihre Gesellschaft hat mir eine Menge Trost gespendet. Die Tiere haben bestimmt viel Geld eingebracht, denn sie erreichten England in bester Verfassung.

Ich möchte, dass du unseren Leuten im Fleischhaus sagst, sie sollen sich einmal näher mit dem Rinderexport beschäftigen und bei meiner Rückkehr alle Fakten und Zahlen beisammenhaben. Der Export scheint ordentliche Gewinne abzuwerfen, und mit unserer englischen Niederlassung sind wir perfekt in der Lage, Ausfuhrgeschäfte abzuwickeln. Ich werde ganz krank bei dem Gedanken, dass wir gemütlich auf unseren Hinterhufen gesessen und diese Geschäfte unseren Konkurrenten überlassen haben. Wir sind Fleischpacker, ich weiß, aber es gibt keinen Grund, warum wir nicht auch Fleischtransporteure sein können. Ich will alle Milch aus der Kuh herauspressen, zweimal am Tag und so viel, bis kein Tropfen mehr herauskommt. Wenn du nicht alles machst und alle Seiten des Geschäfts abdeckst, kannst du nicht mehr mithalten, so wie die

Dinge heute laufen. An der Spitze ist immer noch viel Platz, aber woanders wird es eng.

Es mag Gründe geben, aus denen wir den Export von Lebendvieh bisher nicht angegangen sind, aber du kannst unseren Leuten sagen, dass es verdammt gute Argumente sein müssen, um auf die Gewinne zu verzichten, die ich hier sehe. Natürlich kann es sein, dass ich die Möglichkeiten nicht erkannt habe, weil ich das bisher nur als unterhaltsames Nebengeschäft betrachtete. Aber zu sagen, der Export sei nicht unser Geschäftszweig, gilt nicht, denn alles, was mit Gewinn aus der Verwertung von Vierbeinern zu tun hat, ist unser Metier.

Ich reite ein wenig auf diesem Thema herum, weil dieser besondere Fall zwar nicht deine Abteilung betrifft, das generelle Prinzip dahinter aber durchaus auch in deine Zuständigkeit fällt. Die richtige Herangehensweise an eine geschäftliche Angelegenheit besteht darin, dass man sie zuerst durchdenkt, und dann holt man sich ein Stück von dem Kuchen, indem man den ganzen Kuchen ins Visier nimmt. In einer Schlacht besteht der halbe Sieg darin, zuerst auf der rettenden Anhöhe anzukommen und die andere Hälfte darin, sie zu verteidigen.

Wenn ich über diese Dinge spreche und dir im Zusammenhang mit deiner neuen Position schreibe, eile ich deiner gegenwärtigen Stellung ein wenig voraus, weil ich darauf zähle, dass du zu mir aufholst. Ich möchte dir aber klarmachen, dass ich dir nicht als Firmenchef schreibe, sondern als Familienoberhaupt, und diese beiden Dinge will ich nicht vermischen.

Selbst als stellvertretender Leiter der Speckabteilung bekleidest du bei uns noch keine sehr wichtige Position. Das große Problem mit einigen Burschen ist, dass ihnen schon ein wenig Erfolg zu Kopfe steigt. Anstatt ihre Autorität hinter dem Rücken zu verstecken und eine gewisse Nähe zu ihren Leuten zu bewahren, nutzen sie diese Macht als Keule, um ihre Untergebenen damit zu vertreiben. Das führt dazu, dass im Büro eines aufgeblasenen Vorgesetzten mit einem angeschwollenen Schädel nur gekränkte Köpfe sitzen.

Ich kenne niemanden, der bessere Gelegenheiten hätte, sich unbeliebt zu machen als ein stellvertretender Abteilungsleiter, denn die Mitarbeiter neigen dazu, ihn für alle Boshaftigkeiten des Leiters zu verfluchen, und Letzterer wird die Schuld für jede Niedertracht seiner Untergebenen bei seinem Stellvertreter suchen. Aber wenn er den Mitarbeitern seine Anweisungen erklärt, büßt er Autorität ein, und wenn er sich bei seinem Chef entschuldigt, büßt er seinen Nutzen ein. Ein Abteilungsleiter braucht einen Assistenten, der ihn entlastet, und keinen, der seine Lasten erschwert.

Die eine wichtige Sache, an die du immer denken musst, ist, nichts zu vergessen. Für einen Vorgesetzten ist es leichter, die Dinge selber zu erledigen, als sie jemandem zweimal erklären zu müssen. Im Kopf eines Abteilungsleiters nehmen kleine Details genauso viel Raum ein wie große Ideen. Je mehr Kleinigkeiten du für ihn aufbewahrst, desto mehr Stauraum bleibt in seinem Kopf für ambitionierte Pläne. Wenn ein Vorgesetzter seine Tage damit verbringen muss, seinen Assistenten zu verwünschen, und seine Untergebenen nachts wach liegen, weil sie ihn so hassen, dann bleibt Letzteren nicht viel Zeit, sich um die Belange der Firma zu kümmern. Zufriedenheit ist das Schmiermittel der Geschäftsmaschinerie.

Einige Männer können nur die sehen, die über ihnen stehen, und andere können nur die wahrnehmen, die sich unter ihnen befinden. Ein guter Mann hat einen Rundumblick und sieht immer alle auf einmal. Ein Assistent, der zur rechten Hand des Abteilungsleiters wird, wird immer die linke finden, die ihm hilft. Einem Mitarbeiter wird es nicht schwerfallen, gute Seiten in einem Vorgesetzten zu finden, wenn dieser Positives in ihm entdeckt. Wenn von oben gezogen und von unten geschoben wird, ist der Aufstieg auf den Berggipfel eine leichte Sache.

Beim Umgang mit Menschen sind deine eigenen Gefühle die einzigen, die keine Bedeutung haben. Ich meine damit nicht, dass du deine Selbstachtung opfern sollst, aber du musst dir immer vor Augen halten, dass je größer die Position ist, desto raumgreifender der Mann sein muss, der sie bekleidet. Eine Mischung aus Zuvorkommenheit und Rücksichtnahme hilft deinem Vorgesetzten, seine eigene Dimension zu vergrößern.

Natürlich nimmt all das so viel Zeit und Überlegung in Anspruch, dass du nicht oft zum Golf kommen wirst – vor allem an den Nachmittagen. Ich erwähne das nur ganz nebenbei, weil ich in den Papieren aus Chicago, die mir übermittelt wurden, entdeckt habe, dass du vor vierzehn Tagen unter den Spielern auf dem Golfplatz warst. Golf ist ein netter, alberner Zeitvertreib und soweit ich weiß, birgt er keine Gefahren, bis auf die Bälle – die hüftsteifen Bälle am Anfang, die verlorenen Bälle in der Mitte und die Highballs am Ende. Ein junger Mann, der ein führender Fleischhauer werden will, kann nicht viel Zeit auf grünen Wiesen und mit gesellschaftlichen Verknüpfungen verschwenden; er widmet sich besser den Verknüpfungen einer Wurstkette.

Selbstverständlich sollte einem Mann ein gewisses Maß an Muße zugestanden sein, so wie ein Junge nach dem Abendessen Recht auf ein Stück Kuchen hat, aber es darf nicht zur Hauptmahlzeit werden. Jeder, der statt Brot und Fleisch

Doughnuts und Kaffee konsumiert, wird in ziemlich jungen Jahren an der Galle erkranken. Und die Burschen, die keine Arbeit haben, außer die Dollars ihres alten Herrn zu verprassen, gleichen zu einem guten Teil diesen kleinen Niggern beim Pastetenesswettbewerb auf dem Jahrmarkt: Sie dürfen viel Süßes verschlingen und erhalten eine Menge Aufmerksamkeit, aber am Ende bekommen sie tüchtige Bauchschmerzen.

Ich möchte dich an dieser Stelle vor einer Ansteckung mit dem Gesellschaftsvirus warnen. Da wäre es mir lieber, du würdest diese türkischen Zigaretten rauchen, die wie ein Feuer in der Düngemittelfabrik riechen. Du wirst im Verlauf des Geschäfts tagsüber schon genug faulen Streunern begegnen, ohne dass du nach Einbruch der Dunkelheit Jagd auf die ganze Herde machen musst.

Jeder hier in Europa denkt, dass wir in Amerika keine »Gesellschaft« haben, und eine Menge Leute in New York glauben, dass wir in Chicago kein gesellschaftliches Leben hätten. Soweit ich es erkennen kann, gibt es an allen Orten gleich viel Leichtgewichte, die millionenschwere Einkommen verprassen. Und die Regeln, die das gesellschaftliche Leben bestimmen, scheinen an allen drei Orten dieselben zu sein: Du musst Nachfahre einer alteingesessenen Familie sein, und je weiter dein Stammbaum in die Vergangenheit reicht, desto erhabener deine gesellschaftliche Position.

Der einzige Unterschied zwischen Amerika und Europa besteht darin, dass der Vorfahre, der so viel Geld gescheffelt hat, dass die Familie überhaupt nachfahren konnte, in Europa schon so lange tot ist, dass seine Nachfahren sein Geschäft vollkommen vergessen haben. In New York ist das dagegen jüngste Vergangenheit, sodass die Nachkommen nur so tun können, als hätten sie es vergessen. Aber in Chicago kann ein Mann es gar nicht vergessen, weil sein Vorfahre derzeit noch damit beschäftigt ist, emsig am Board of Trade zu handeln oder in den Stock Yards zu schuften. Ich möchte an dieser Stelle deutlich darauf hinweisen, dass ich nicht vorhabe, Vorfahre zu sein, bis ich das Zeitliche gesegnet habe. Wenn du später einmal möchtest, dass ein Bursche, dessen einzige Leistung darin besteht, einen Großvater zu haben, der gepanschten Whisky an Indianer verkauft hat, verächtlich die Nase rümpft, wenn du den Raum betrittst, weil er Schweinegeruch wahrzunehmen meint, dann ist das deine Entscheidung.

Natürlich bin ich mit meiner Einschätzung dieser Dinge ein wenig außen vor, weil die »Gesellschaft« nicht zu meinem Gewerbe gehört. Aber nach meiner Erfahrung entpuppen sich die Leute, die sich für das Filetstück vom Rind halten und glauben, der Rest von uns tauge nur zur Wurstverarbeitung, meist als Kurzrippensteak, sobald man sie unter dem Messer hat. Ich habe zwei oder drei Bankrotteuren dieser Mischpoke eine Chance im Büro gegeben, aber ohne ihr Geld bleibt nichts von ihnen übrig, nicht einmal ihre Freunde.

Ich habe nie zwei Menschen erlebt, die sich derart angestrengt hätten, sich ihren Weg in die Gesellschaft zu erkaufen beziehungsweise zu erschleimen wie meinen alten Freund Hank Smith und seine Frau Kate – Kate Botts hieß sie mit Mädchennahmen. Und wie sie sich abmühten, sich bis zur obersten Gesellschaftskruste vorzudrängen.

Hank und ich wuchsen als Jungen zusammen in Missouri auf. Er blieb in unserem Heimatort, nachdem ich gegangen war. Gelegentlich hörte ich etwas über ihn, dass er ein wenig ein Ladengeschäft führe, ein wenig Landwirtschaft betreibe und sehr viel faulenze. Irgendwann hatte ich ihn vollkommen vergessen, bis ich eines Tages in der Zeitung von ihm las, als Captain Henry Smith, dem König des Klondike-Goldrausches, der soeben mit Goldstaub im Wert von einer Million und allen möglichen Claims aus Circle City zurückgekehrt sei. Die einzige Grenze, die das Vermögen eines Goldsuchers kennt, ist seine eigene Fantasie.

Als mir mein Bürojunge eine Woche später eine Visitenkarte brachte, auf der Colonel Henry Augustus Botts-Smythe stand, war ich ein wenig perplex, aber ich nahm an, es handele sich um einen distinguierten Ausländer, der sich einen Eindruck von mir verschaffen und sein Adressbuch um einige interessante Kontakte in Chicago abrunden wollte, und so sagte ich dem Bürojungen, er solle den General hereinbitten.

Ich habe ein ziemlich gutes Gedächtnis für Gesichter und habe in diesem Leben von Hank genügend Kautabak gekauft, um ihn jederzeit wiederzuerkennen, selbst wenn er glatt rasiert war und einen Hut trug. Einige Männer dörren mit dem Erfolg aus, aber Henry schäumte geradezu über. Erzählte mir, er habe ein Vermögen verdient und sei es leid, auf der Schlackenhalde zu schlafen; er habe sein ganzes Leben dort verbracht, wo das Geld kaum flüstert, geschweige laut zu einem spricht, und nun begebe er sich dorthin, wo es nur so schreie. Wozu nutze es schließlich, ein feiner Pinkel zu sein, wenn man nicht gleich die feinste Sorte eines solchen Herrn sei. Sagte, er habe ein Haus in Beacon Hill, Boston, gekauft und falls ich meine Ohren spitzte, würde ich gelegentlich etwas ins Back Bay fallen hören. Dann überreichte er mir viermal seine Karte und erklärte, es sei der letzte Schrei, einen langen, eindrucksvollen Namen darauf zu drucken; sozusagen das gesellschaftliche i-Tüpfelchen, das einem jede Tür öffne. Sagte, Bottes sei Altenglisch für Botts, und Smythe sei Neu-Amerikanisch für Smith, und Augustus sei einfach ein eleganter Zusatz, welcher der Karte die notwendige Noblesse verleihe.

Ich klärte Hank nicht auf, weil er Glückwünsche wollte und keine Erklärungen, und ich achte stets darauf, dass ich meinen Kunden die Waren präsentiere, nach denen sie suchen. Ich habe nie alle Einzelheiten seines Werdegangs im Osten erfahren; aus dem, was ich später hörte, entnahm ich jedoch, dass Hank in Boston Furore machte.

Er hatte sich in Beacon Hill zwischen einem Nachfahren der Mayflower und dem Urenkel eines der Unterzeichner der Unabhängigkeitserklärung niedergelassen – Leute von der Sorte, die glauben, nachdem der Herr sie erschuf, sei Er mit der Schöpfung fertig gewesen, und der Rest von uns sei eher durch Zufall entstanden. Hank war noch nicht zwei Stunden im Ort, als er bereits damit anfing, sein neues Heim zu verschönern. Vor seinem Haus befand sich ein hohes schmiedeeisernes Tor, das er als Erstes vergolden ließ, weil – so seine Worte – es kein Lieferanteneingang sei und er die gesellschaftlichen Formen wahren wolle.

Dann kaufte Hank einen hübschen, offenen Landauer, ließ die Räder rot anstreichen, stellte einen schwarzen Kutscher ein und machte sich auf den Weg, um sich in der Gesellschaft bekannt zu machen. Auf der Hinfahrt gab er seine Karte auf der gesamten einen Straßenseite der Beacon Street ab und auf der Rückfahrt in allen Häusern der anderen Straßenseite. Überall, wo er anhielt, stellte er fest, dass die gesamte Familie aushäusig war. Das wiederholte er die ganze Woche, schien aber nie Glück zu haben. Er dachte, die Männer müssten sehr eifrige Sportfans und die Frauen ganz schöne Vagabundinnen sein, da sie nie zu Hause anzutreffen waren. Stellte fest, dass sie der lebendigste kleine Fliegenschwarm waren, dem er je hinterhergejagt habe und beschloss, sich nicht weiter bei jedem Einzelnen vorzustellen, sondern stattdessen eine Veranstaltung zu organisieren, bei der er alle zusammenbrächte.

Hank versandte tausend Einladungen zu seiner großen Einweihungsfeier, wie er sie nannte; hinterließ eine in jedem Haus im Umkreis von einer Meile. Er engagierte ein Bläserorchester, das auf der Freitreppe vor dem Haus spielte und ein Feuerwerk auf dem Dach. Bestellte vierzig Fässer Bier von der örtlichen Brauerei und heuerte einen Barmixer an, der milde Drinks für die Ladys mischen sollte, wie er es nannte. Wie mir zugetragen wurde, eilte die ganze Beacon Street zum Fenster, um zu sehen, was da los sei, als das Orchester loslegte und das Feuerwerk explodierte. Es müssen sich gut und gerne zehntausend Menschen in der Straße versammelt haben, aber nicht eine einzige Seele in Hanks Haus, außer ihm selber, seiner Frau und dem Barmixer.

Einige Menschen verlangten lautstark nach einer Rede und schließlich grölte die ganze Menge, bis Hank sich auf der Freitreppe zeigte. Mit einer Hand brachte er das Orchester zum Verstummen und mit der anderen unterbrach er das Feuerwerk. Sagte, Reden zu halten, sei nicht seine Stärke; er habe in Klondike so lange von Schneebällen gelebt, dass seine »Gasleitung« eingefroren sei, aber dieses Willkommen bringe das Eis zum Schmelzen und er glaube, drei Fingerhut des Patentrezepts seines Klempners reichten aus, um seine Luftröhre auftauen zu lassen. Würde die Menge ihm folgen? Er habe ein paar Freunde zu diesem Abend eingeladen, aber anscheinend habe es ein Missverständnis über das Datum gegeben, und er hasse es, gute Gelegenheiten schlecht werden zu lassen.

Während all das geschah, riefen auf der einen Straßenseite der Nachfahre der Mayflower und auf der anderen Seite der Urenkel des Unterzeichners der Unabhängigkeitserklärung die Polizei. Und gerade, als die Menge zustimmend grölte und auf Hanks Haus zuströmte, trafen zwei vollbesetzte Patrouillenfahrzeuge ein. Allerdings mussten sie einen Tumult melden und Reserveeinheiten anfordern, bevor sie Hanks kleine Boston Tea Party auflösen konnten.

Am Ende gelang Hank, was er mit seiner Einladung eigentlich beabsichtigt hatte – alle seine Nachbarn zusammenzubringen –, wenngleich nicht auf die geplante Art und Weise. Denn am nächsten Morgen fanden sich so viele Nachfahren und Urenkel gewichtiger historischer Persönlichkeiten beim Polizeigericht ein, um ihre Klagen einzureichen, dass die Versammlung wie eine Zusammenkunft der Pilgrim Fathers wirkte. Der Richter belegte Hank mit einer Geldstrafe für insgesamt sechzehn Vergehen und verurteilte ihn, für einhundert Jahre Ruhe und Frieden zu halten. Am selben Nachmittag reiste Hank mit einem Eilzug gen Westen, weil die normale Eisenbahnverbindung nicht schnell genug war. Bevor er Beacon Hill verließ, nagelte er jedoch noch ein Schild an die Tür seines Hauses, auf dem stand:

»Nachbarn, die der Einladung zum Fest nachkommen, mögen bitte keine Steine durch die Fenster werfen, um

Aufmerksamkeit zu erheischen. Bin nicht da und komme auch nicht wieder. Habe mich auf der Suche nach etwas Ruhe nach Circle City zurückgezogen.

Ihr ergebener
HANK SMITH

P.S. Ein zu aufreibender Ort für meine Wenigkeit«

Auf seinem Weg nach Frisco schneite Hank kurz bei mir herein. Sagte, er habe es gerne lebhaft, aber in Beacon Hill sei es selbst für ihn ein wenig zu rauh zugegangen; die Menge, die gar nicht eingeladen war, sei so verdammt gesellig gewesen, dass die eigentlich geladenen Gäste eine Woche geblieben wären, hätten sie sich nicht im Datum vertan. Das sei vielleicht die Bostoner Art und Weise, aber er hätte es lieber ein wenig kultivierter. Sagte, er sei sehr freigebig und zeige das auch, aber er hasse alles Ungehobelte. Natürlich sagte ich ihm, Boston sei auch nicht das, als was es in all den Schulgeschichtsbüchern dargestellt werde, und Circle City sei keineswegs so rauh, wie man es immer in der Zeitung lese. Denn es war absolut unmöglich, Hank klarzumachen, dass er hundert Jahre in Boston hätte leben können, ohne jemals von der Gesellschaft zu einem Erdbeerkuchen eingeladen zu werden. Nur weil ein Mann am Polarkreis Eisblöcke haut, heißt das nicht, dass man ihn in Back Bay schätzt.

Ich erwähne Hank nur ganz allgemein. Sein Fall mag ein wenig anders sein, aber er ist auch nicht extremer als all die anderen um uns herum. Natürlich möchte ich, dass du dich guter Gesellschaft erfreust, aber jede Gesellschaft ist geeignet, in der sich gleichgesinnte Männer und Frauen zur erbaulichen Unterhaltung versammeln. Ich möchte dich nur von Leuten fernhalten, die das Dandytum zum Beruf auserkoren haben. Ein Mann ist so gut wie er sich selber macht, aber keiner taugt nur deswegen, weil sein Großvater ein guter Mann war.

Dein dir zugetaner Vater,
John Graham

BRIEF 17

John Graham
von der Londoner Niederlassung von Graham & Co.
an
seinen Sohn Pierrepont
in den Union Stock Yards, Chicago

Mr. Pierrepont hat seinem Vater geschrieben, er sei in seiner neuesten Position äußerst erfolgreich.

London, 24. Oktober 189_

Lieber Pierrepont,
endlich befinde ich mich nach umfassenden Untersuchungen und mit so viel Energie wie ein geflecktes Zirkuspferd auf dem Weg nach Hause. Diese Niederländer sind nicht so schlimm wie ihre Sprache, denn sie haben es geschafft, mein Rheuma zu heilen, sodass ich ich mich auf mein rechtes Bein stützen kann, ohne fürchten zu müssen, dass es unter der Last meines Körpers einknickt.

Ich freue mich, aus deinem Brief zu entnehmen, dass du in deiner neuen Position so gut zurechtkommst, und ich hoffe, dass dein Vorgesetzter all die guten Dinge, die du von dir selber sagst, nach meiner Rückkehr bestätigen wird. In der Zukunft musst du dir jedoch nicht die Mühe machen, mich über deine Erfolge auf dem Laufenden zu halten, denn das ist das einzige Thema, über das sich die meisten Männer unverblümt äußern, und es ist zugleich das einzige, bei dem sich diese Offenheit erübrigt.

Der Versuch, zu verheimlichen, dass jemand ein Nichtsnutz ist, ist vollkommen vergeblich, denn das kommt sowieso irgendwann ans Tageslicht. Natürlich hält man stets seine Augen auf der Suche nach einem tauglichen Mann offen, aber folge einfach dem Beispiel der alten Jungfer – schau unter dem Bett und im Schrank nach ihm, aber nicht im Spiegel. Ein Mann, der Großes vollbringt, ist zu beschäftigt, um darüber zu sprechen. Wenn deine Kiefermuskulatur Übung braucht, kaue Kaugummi.

Einige Männer folgen im Leben der Sarsaparilla-Theorie, derzufolge sie für jeden Dollar, den sie verdienen, einhundert Reden über ihre eigene Person halten müssen; das ist eine ziemlich gute Lehre, wenn du mit Zutaten im Wert von zehn Cent einen Dollar verdienst. Ein Mann, der dagegen für neunundneunzig Cent einen ganzen Dollar Wert an Zeit hergibt, muss keine weiteren Erklärungen abgeben.

Natürlich wirst du unterwegs auf Männer treffen, die eine Zeit lang gut und tauglich wirken, einfach weil sie es von sich behaupten – so wie viele Fünfer, die sich im Umlauf befinden, so lange zu ihrem Nennwert akzeptiert werden, bis sie beim Einzahlungskassierer ankommen. Und du wirst erleben, dass diese Männer vermeintlich Goldmünzen aus Blei prägen, mit denen sie die Menschen so lange hinters Licht führen, wie es möglich ist. Früher oder später blättert das Falschgold jedoch ab und darunter kommt wieder das Blei zum Vorschein.

Heiße Luft kann einen Ballon weit tragen, aber irgendwann ist sie verbraucht. Und wenn ein Mann durch die Wolken segelt, werden natürlich alle Farmer von unten zu ihm hinaufstarren. Am Ende kommt aber der Punkt, wo dem Ballon die Luft ausgeht und der Fallschirm versagt. Ich kenne keinen Mann, der so tot ist wie derjenige, der aus einer Höhe von zehntausend Metern aus den Wolken auf die Erde herabgestürzt ist.

Der einzige Weg, um die Landschaft von oben zu genießen, ist, einen Berggipfel zu erklimmen. Das dauert zwar länger, aber man fällt nicht so schnell herunter. Und selbst dann besteht das Risiko, auszurutschen und in eine tiefe Schlucht zu stürzen, aber nur, wenn man töricht genug ist, Abkürzungen durch unwegsames Gelände zu nehmen. Allerdings gibt es auch Männer, die es schaffen, die Eingangstreppe hinunterzufallen und sich das Genick zu brechen. Der mühsame Aufstieg zum Gipfel ist nicht der kürzeste, aber meist der sicherste.

Das Leben ist kein Spurt, sondern ein langer, stetiger Aufstieg. Du kannst nicht bergauf rennen, ohne zwischendurch einige Pausen einzulegen. Einige Männer verrichten einen Tag Arbeit und verbringen dann sechs Tage damit, sie zu bewundern. Sie stürzen sich mit großer Begeisterung auf eine Sache und verbrauchen dabei ihre gesamte Energie. Und wenn sie sich von dieser Anstrengung erholt haben und sich wieder aufraffen, widmen sie sich mit neuer Leidenschaft einer anderen Sache. Sie verwechseln Absicht mit Entschlossenheit, und nachdem sie dir erzählt haben, was sie vorhaben und es gleich in Angriff nehmen, versandet ihre Energie und endet im Nichts.

Ich habe in meiner Zeit viel über dumme Hühner gehört, aber was echte Dummheit angeht, ist ein Hahn an nichts zu übertreffen. Stets stellt er sein Gefieder auf, lässt den Kamm schwellen, streckt sich und kräht aus vollem Hals über Dinge, die nicht auf seinem Mist gewachsen sind. Wenn die Sonne aufgeht, möchte man meinen, er mache das Licht und nicht den Lärm. Wenn die Bauersfrau Körner in den Hühnerhof streut, scharrt und kräht er, als sei er der Ernährer des ganzen Bauernhofes und bitte um Segen für die Körner. Wenn er auf einen anderen Hahn trifft und dieser ihn herausfordert, kräht er ebenfalls aus Leibeskräften. Und so geht das den ganzen Tag. Selbst nachts wacht er auf und lärmt, schon aus Prinzip. Wenn dagegen eine Henne kräht, hat sie ein Ei gelegt, und im Allgemeinen macht sie nicht viel Wind darum.

Ich spreche ganz allgemein darüber, weil ich möchte, dass du dir ein für alle Mal einprägst, dass sich stete, stille, beharrliche, einfache Arbeit durch nichts Gleichwertiges nachahmen oder gar ersetzen lässt, und weil deine Anfrage, ob wir Courtland Warrington eine Arbeit geben können, diese Themen aufwirft. Wie du schreibst, meint Court, ein Mann, der seine Position in der Welt bekleidet habe, dürfe sich nicht selber degradieren, indem er jede lausige Stelle annähme, bei der er unwürdige Dinge machen müsse.

Ich möchte an dieser Stelle klarstellen, dass ich Court und seine gesamte Brut kenne wie eine Leimfabrik und wir ihn in unserem Geschäft nicht brauchen können. Er ist einer dieser Burschen, die an der Spitze beginnen und sich dann stetig nach unten vorarbeiten, weil das der Platz ist, wo sie hingehören. Sein Vater schenkte ihm zum Universitätsdiplom eine Firmenbeteiligung, und nachdem sein alter Herr vor drei Jahren pleiteging und seitdem selber für ein Gehalt arbeitet, lebt Court auf seine Kosten und wartet darauf, dass eine hübsche, würdige Stelle vorbeikommt und ihn entführt. Entführungen sind aber nicht unser Geschäft.

Die einzige unwürdige Tätigkeit, die mir bekannt ist, ist die Faulenzerei, und nichts kann einen Mann mehr degradieren als das Schmarotzen, anstatt nach einer anständigen Arbeit zu suchen, weil er bereits so weit unten ist, wie es nur geht. Ich konnte diese Burschen, die jeden anständigen Instinkt unterdrücken, um den Anschein zu wahren, und sich für keine Niedertracht zu schade sind, um ihren falschen Stolz zu nähren, nie verstehen.

Sie erinnern mich immer an den kleinen Fatty Wilkins, der in meiner Kindheit in unsere Kleinstadt in Missouri gezogen war. Seine Mutter hielt große Stücke auf Fatty, und der hielt sehr viel von sich selbst beziehungsweise von seinem Magen, was aber dasselbe war. Er sah aus, als sei er direkt einem Witzbuch entsprungen. Fatty war ein großer Esser; stopfte sich den Wanst voll, bis sich die Haut darüber so straff spannte wie eine Wurstpelle, und dann schrie er nach Schmerzmitteln. Er gab seine gesamten Pennys für Kuchen aus, weil Bonbons ihn nicht satt machten. Und er verschlang den Kuchen immer gleich im Laden, aus Angst, er müsse irgendjemand abbeißen lassen, wenn er auf der Straße aß.

Die anderen Jungen mochten Fatty nicht, und wenn er auftauchte, machten sie daraus kein großes Geheimnis. Er war sehr mutig, sehr stark und mächtig stolz – was sein Mundwerk anging. Aber er schaffte es immer, sich mit allen möglichen Ausreden – von einer wehen Hand bis zu einer Mumpserkrankung – aus jeder Situation zu winden, die irgendwie so aussah, als könne sie in einem Faustkampf enden. In Wahrheit hatte er vor allem Angst, außer vor Süßigkeiten, dabei schadeten diese ihm am meisten. Es kommt nur äußerst selten vor, dass ein Mann das scheut, wovor er sich eigentlich fürchten müsste.

Wie die meisten Feiglinge hatte Fatty zwar stets eine Ausrede parat, um nichts machen zu müssen, was sein Fell in Gefahr gebracht hätte, aber er war bereit, alles zu tun, was seiner Selbstachtung abträglich war – aus schierer Angst, die Jungen könnten ihn auslachen oder behaupten, er fürchte sich, falls er sich weigere. Eines Tages forderte ihn Jim Hicks während einer Schulpause auf, einen Klumpen Dreck zu essen. Fatty zögerte ein wenig, denn wenngleich er sich alles Mögliche in den Bauch stopfte, hatte Dreck nie dazugehört. Aber als die Jungen begannen, ihn aufzuziehen und behaupteten, er habe Angst, nahm Fatty seinen Mut zusammen und schluckte den Dreckklumpen.

Als er die anderen Jungen aufforderte, es ihm nachzutun und niemand die Herausforderung annahm, machte ihn das ganz stolz und aufgeblasen. Schließlich kassierte Fatty von den größeren Jungen und den Burschen, die neben dem Postamt herumlungerten, einen Cent dafür, dass sie zusehen durften, wie er einen Dreckklumpen von der Größe einer Bitternuss verschlang. Er stellte fest, dass er damit gutes Geld verdienen konnte, und nahm als Nebengeschäft Grashüpfer für zwei Cent pro Stück hinzu. Das erwies sich als so gutes Geschäft, dass er sein Menü um Wanzen für einen Nickel das Stück ergänzte und machte damit eine hübsche Summe Geld. Das Letzte, was ich von Fatty hörte, war, dass er in einem Kuriositätenkabinett untergekommen war, wo er zwei Gehälter bezog – eines als »Der Fettsack« und eines als »Launcelot, der Heuschreckenfresser, der einzige lebende Mensch mit einem Kaumagen.«

Du wirst in deinem Leben eine Menge Fattys und Männer kennenlernen, die »aus Spaß« oder um anzugeben, ein wenig Dreck essen und dann ein wenig mehr davon verzehren, weil sie feststellen, dass sich damit leichtes Geld verdienen lässt. Es ist schwer, diesen Burschen beizukommen, denn wenn sie alles verloren haben, worauf sie stolz sein konnten, haben sie immer noch ihren Stolz. Du kannst stets darauf wetten, dass wenn der Stolz eines Mannes ihn empfindlich werden lässt, der Grund dafür ist, dass dieser einige äußerst blinde Flecken aufweist.

Nach meiner Erfahrung ist Stolz ein Ansporn für die Starken und eine Bremse für die Schwachen. Er treibt den starken Mann an und hält den Schwachen zurück. Stolz sorgt dafür, dass ein Mann etwas aushält und darüber lächelt, wenn man ihn auslacht, und lacht, wenn jemand eine verächtliche Bemerkung macht. Stolz hält sein Gewissen wach und seinen Rücken über die Arbeit gebeugt; Stolz sorgt dafür, dass er die kleinen Dinge wertschätzt und für die großen kämpft. Bei Männern mit fliehender Stirn sorgt er jedoch dafür, dass sie die Dinge tun, die richtig wirken, anstelle der Dinge, die richtig sind; dass sie sich vor Gelächter fürchten und bei verächtlichen Bemerkungen zusammenzucken. Ihr Stolz macht sie zu einer billigen Imitation irgendeines Willies, der ein bisschen mehr Geld besitzt als sie selber, ohne ihnen die Kraft und Energie zu verleihen, loszuziehen und ihr eigenes Glück zu schmieden.

Nie sehe ich einen dieser Burschen, die aufgeblasen mit ihrem armseligen gestohlenen Stolz herumlaufen, ohne an eine kleine Erfahrung zurückzudenken, die ich als Junge machte. Eines Nachmittags erwischte mich ein alter Mann, als ich dabei war, eine Wassermelone aus seinem Garten zu stehlen. Anstatt mich auszuschimpfen und dann gehen zu lassen, wie ich erwartet hatte, falls ich ertappt würde, führte er mich am Ohrläppchen nach Hause zu meiner Mutter, um ihr von meiner Missetat zu berichten.

Deine Großmama war nach alter Schule erzogen und hatte noch nie von diesen neumodischen Theorien gehört, nach denen man einem Kind freundlich und sanft die Gründe auseinandersetzen soll, weshalb ein bestimmtes Betragen nicht geduldet werden kann, bis dem Kleinen die Unterlippe herunterfällt und sich seine Augen mit Tränen füllen, weil es zur Einsicht kommt und reuig sein Fehlverhalten erkennt. Sie ließ mich heulen, allerdings mithilfe eines Koffergurts oder eines Schuhs. Und deine Großmama war eine ziemlich stattliche Person – ihre Füße hatten nichts Zierliches und ihre Schuhe waren von äußerst solider Machart. Als sie fertig war, wusste ich, dass ich nach Strich und Faden versohlt worden war – poliert bis in die Schuhspitzen –, und dann schickte sie mich in mein Zimmer und befahl mir, nicht die Nase herauszustrecken, bis ich die Zehn Gebote und die Sonntagsschullektion auswendig aufsagen konnte.

Das war ein ganzes Kapitel und zudem eines aus dem Alten Testament, aber ich strengte mich mächtig an, denn ich kannte meine Mutter und bis zum Abendessen fehlten nur noch zwei Stunden. Ich kann das Kapitel heute noch vorwärts und rückwärts aufsagen, ohne ein einziges Wort auszulassen oder zwischendurch Luft zu holen.

Der alte Doc Hoover pflegte gelegentlich in den Klassenraum der Sonntagsschule zu kommen und die Schüler zu Tode zu erschrecken, indem er von einem Klassenzimmer zum nächsten wanderte und Fragen stellte. Am folgenden Sonntag freute ich mich zum ersten Mal, dass er hereinkam und versuchte ausnahmsweise nicht, seiner Aufmerksamkeit zu entkommen, während er unsere Klasse malträtierte. Zehn Minuten lang hoffte ich, er würde mich auffordern, einen Vers aus der Lektion zu rezitieren, als er es endlich tat. Ich legte los und trug das gesamte Kapitel vor und leierte als Dreingabe auch noch die Zehn Gebote hinunter. Das verblüffte den Doc, weil er mich zu früheren Gelegenheiten schon zum Alten Testament befragt hatte, wir aber nie über »Und Ahab zeugte Joram« oder so ähnlich hinausgekommen waren. Als er seinen Schock endlich überwunden hatte, holte er mich vor die ganze Klasse, wo ich das ganze Kapitel noch einmal aufsagen sollte. Dann tätschelte er mir den Kopf und sagte, ich sei »eine Ehre für meine Eltern und ein Vorbild für meine Spielkameraden«.

Ich hatte die ganze Zeit zu Boden gesehen, weil ich mich zugleich mächtig stolz und eingeschüchtert fühlte, aber bei diesen Worten kam ich nicht umhin, aufzublicken, um die bewundernden Blicke der anderen Jungen zu sehen. Die erste Person, die ich bemerkte, war jedoch deine Großmama, die am hinteren Ende des Klassenzimmers stand, in dem sie auf dem Weg zur Kirche kurz Halt gemacht hatte und mich auf mächtig unangenehme Weise anstarrte.

»Erzähl's ihnen, John«, sagte sie mit lauter Stimme vor der ganzen Klasse.

Es gab kein Entrinnen, denn Doc Hoover hielt meine Hand; außerdem gab es keinen Platz, an dem ich mich hätte verstecken können, obwohl ich möglicherweise in ein Rattenloch hätte kriechen können. Um Zeit zu gewinnen, stieß ich hervor: »Ihnen was erzählen, Ma'am?«

»Erzähl ihnen, wie es kommt, dass du deine Lektion so gut beherrschst.«

Das war der Moment, indem ich öffentliche Bekanntheit hassen lernte, aber ich wusste, dass sie sich nicht ablenken ließ, um vom Wetter zu reden, wenn sie über Religion sprechen wollte. Also schloss ich die Augen und ließ es heraus, auch wenn die Worte auf dem Weg nach draußen ein oder zweimal gegen meinen Gaumen stießen.

»Habe eine Wassermelone geklaut, Ma'am.«

Bei dieser Gruppe bedurfte es keiner weiteren Einzelheiten; sie fingen einfach an zu grölen. Ma führte mich zu meinem Pult und sagte, sie hätte mich am Montag bestrafen müssen, weil ich ihr öffentliche Schande bereitet habe.

Das war eine bittere Pille ohne jeden Zuckerüberzug, aber sie schwitzte mehr Heuchelei und falschen Stolz aus mir heraus, als ich in den nächsten zwanzig Jahren wieder ansammeln konnte. In jenem Moment lernte ich Demut, was weitaus wichtiger ist als eine Lektion in Stolz. Letzteren müssen nämlich nur wenige Männer lernen.

Dein dir zugetaner Vater,
John Graham

BRIEF 18

John Graham
von der Londoner Niederlassung von Graham & Co.
an
seinen Sohn Pierrepont
in den Union Stock Yards, Chicago

Mr. Pierrepont sorgt sich über Gerüchte, sein alter Herr habe auf sinkende Speckpreise spekuliert und nun trieben ihn die Haussespekulanten in die Enge.

London, 27. Oktober 189_

Lieber Pierrepont,
halte deinen Brief vom einundzwanzigsten des laufenden Monats sowie die beigefügten Zeitungsausschnitte in der Hand. Du musst diesem Zeitungsgeschwätz, die Comstocks hätten mich bei einem umfangreichen Leerverkauf von November-Speck kalt erwischt, keine besondere Aufmerksamkeit schenken. Ich verkaufe nie Waren, ohne zu wissen, wo ich sie herbekomme, wenn ich sie brauche, und falls diese Burschen versuchen, ihre Vorderhufe in meinen Trog zu stellen oder irgendein Gescharre und Gedränge zu beginnen, werde auch ich meine guten Tischmanieren vergessen. Denn wenn es um komische Geschäfte geht, kann ich manchmal sehr zu

Scherzen aufgelegt sein. Und wenngleich ich zu alt zum Weglaufen bin, bin ich jung genug, um meinen Mann zu stehen und zu kämpfen.

Viele Männer haben in diesem Leben versucht, mir den Garaus zu machen, aber sie haben die Totenfeier immer geplant, bevor sie einen Toten hatten. Ich glaube, es hat in den ganzen zwanzig Jahren keine Zeit gegeben, in der nicht in irgendeinem Büro in der Nähe des Board of Trade eine schöne Leichenschau für mich vorbereitet wurde. Aber der grundlegende Bestandteil eines Begräbnisses ist ein Leichnam, und ich sitze immer noch aufrecht und nähre mich redlich.

Es gibt zwei Dinge, denen du niemals Aufmerksamkeit schenken solltest: Beleidigungen und Schmeicheleien. Ersteres kann dir nichts anhaben und Letzteres kann dir nicht helfen. Einige Männer sind wie gelbe Hunde: Wenn du dich ihnen näherst, springen sie auf und versuchen, dir die Hand zu lecken; und wenn du dich von ihnen entfernst, schleichen sie sich von hinten an und schnappen nach deiner Ferse.

Vergangenes Jahr, als ich auf Hausse spekulierte, sagten alle anderen Haussespekulanten, ich sei ein freundlich gesinnter alter Philanthrop, der nachts wach liege und einen Plan aushecke, mit dem die Farmer Spitzenpreise für ihre Schweine erzielten. Die Baissespekulanten behaupteten dagegen, ich sei ein berüchtigter alter Räuber, der das Schweinefleisch aus den Töpfen der Arbeiterklasse stehle. Solange du es nicht beiden Seiten recht machen kannst, ist es am besten, du machst es dir selber recht.

Es gibt nur sehr wenige Menschen, die in der Lage sind, irgendeinen anderen Blickwinkel einzunehmen als ihren eigenen. Ich erinnere mich, dass ich einst ein unbebautes Grundstück an der Allee besaß und eine Dame in mein Büro kam und mich auf süßlich-klebrige Art fragte, ob ich es ihr wohl überlassen könne, da sie eine *Crèche* darauf errichten wolle. Ich zögerte ein wenig, da ich noch nie zuvor von einer *Crèche* gehört hatte. Außerdem klang das irgendwie ausländisch und unsolide, aber die Frau wirkte wie eine gute, ernsthafte, zuverlässige Färse. Sie erklärte mir, eine *Crèche* sei eine Babykrippe, in der alte Jungfern anderer Leute Kinder, deren Mütter arbeiten müssen, waschen, füttern und mit Anstecknadeln versehen. Natürlich war daran nichts, was mir den Pastor oder die Polizei auf den Hals gehetzt hätte, also gab ich ihr die Erlaubnis.

Sie trabte glücklich davon, aber ungefähr eine Woche später kam sie wieder zu mir und fragte mich mit leicht unzufriedener Miene, ob ich diese *Crèche* nicht selber errichten wolle. Es schien ein lohnenswertes Vorhaben zu sein, und so schickte ich ihr einige Schreiner, damit sie einen langgezogenen Schuppen errichteten. Sie war äußerst dankbar und die nächsten zwei Wochen sah ich sie nicht wieder. Dann kam sie erneut vorbei und fragte, ob ich ihr vielleicht ein paar Kühe überlassen könne, da ich sowieso in diesem Geschäft sei und es mir keine zusätzlichen Kosten verursache. Während sie mit mir sprach, machte sie eine überraschte und zugleich bekümmerte Miene, und die Art und Weise, wie sie ihr Anliegen vortrug, gab mir das Gefühl, ich solle mich dafür schämen, dass ich nicht von alleine auf diese Idee gekommen sei. Also schenkte ich hier ein halbes Dutzend Kühe, um für Erfrischungsgetränke zu sorgen.

Ich dachte, ich hätte nun mein Soll an Mildtätigkeit erfüllt, aber die Schreiner hatten den Schuppen kaum fertig gezimmert, als diese Frau anrief und mich herausfordernd fragte, wieso ich ihn nicht hätte streichen lassen. Ich war an diesem

Morgen viel zu beschäftigt, um mich herumzustreiten, also erließ ich kurz die Anweisung, man möge zu Werke gehen. Und als ich am nächsten Tag dort vorbeifuhr, waren die Anstreicher in der Tat schwer beschäftigt. Dieser Bau hatte eine langgezogene Frontseite zur Straße hin, der sich als Plakatwand geradezu anbot. Also rief ich den Chefanstreicher zu mir, und gemeinsam heckten wir eine hübsche kleine Werbeanzeige aus, die ungefähr so lautete:

Graham's Extrakt: Macht die Schwachen stark.

Nun, als sie am nächsten Morgen die Werbeanzeige sah, scharrte die alte Henne mächtig mit den Krallen im Kies. Rannte in der ganzen Stadt herum und sagte, ich hätte eine Fünfhundert-Dollar-Hütte gestiftet, um eine Tausend-Dollar-Werbeanzeige darauf zu pinseln. Verlangte, ich solle einen Scheck über diesen Betrag an den *Crèche*-Fonds schicken und ließ nicht locker, bis ich fand, dieses Ansinnen habe durchaus etwas für sich und ihr das Geld sandte. Dann fand ich einen Interessenten, der in diesem Viertel bauen wollte, verkaufte ihm für billiges Geld das Grundstück und stieg aus der *Crèche*-Branche aus.

Ich habe weitaus mehr als Arbeit in mein Geschäft investiert und weitaus mehr als Geld daraus gezogen. Aber die einzige Sache, die ich je ins Geschäft investiert habe und aus der ich keine Dividende in Form von Spaß oder Dollars gezogen habe, waren Sorgen. Das ist der Zweig unseres Geschäfts, den du getrost unseren Konkurrenten überlassen kannst.

Ich habe immer gefunden, dass Sorgen wesentlich unsicherer sind als Pferderennen – es ist schwieriger, den Sieger zu bestimmen. Du gehst nach Hause und sorgst dich, weil du fürchtest, der Narr von einem neuen Angestellten könne vergessen haben, nach dir abzuschließen und nachts könne die Speckraffinerie abbrennen. Du verbringst ein Jahr damit, darüber zu klagen, dass Bill Jones dir womöglich deine Freundin ausspannt, und anschließend klagst du die folgenden zehn Jahre darüber, dass er es nicht getan hat. Du sorgst dich über Charlie auf der Universität, weil er ein wenig wild ist und er schreibt dir, er sei zum Präsidenten des Y.M.C.A. gewählt worden und sorgst dich über William, weil er so fromm ist, dass du fürchtest, er werde alles hinschmeißen, um als Missionar nach China zu gehen, und er bettelt dich um hundert Dollar an. Du sorgst dich, weil du fürchtest, das Geschäft könne in die Binsen gehen und stattdessen ruinierst du dir deine Gesundheit. Sich Sorgen zu machen, ist die eine Wette, bei deren Gewinn du keinerlei Befriedigung über deine Klugheit empfindest. Ein beschäftigter Mann hat keine Zeit, sich zu ängstigen. Er kann immer Klageweiber in Röcken oder Hosen finden, die ihre Tage damit verbringen, sich über ihre eigenen Probleme zu sorgen und nachts wach liegen, um seine Nöte auch noch zu beklagen.

Da wir gerade darüber sprechen, anderen die Sorgen zu überlassen, fällt mir die Witwe Williams und ihr Sohn Bud ein, der einer meiner Spielkameraden aus Kindheitstagen war. Bud war die jüngste Art von Ärger für die Witwe, wobei sie eine Frau war, deren Probleme selten alleine kamen. Insgesamt hatte sie vierzehn und vier davon waren Zwillingspaare. Üblicherweise durften ihre Kinder morgens, wenn sie ihre Kühe und Schweine herausließ, auf die Straße, und dann hatte sich für den Rest des Tages alle Besorgnis der Witwe über ihre Brut erschöpft. Sagte, wenn ihnen etwas zustoße, brächten die Nachbarn sie nach Hause, und wenn sie hungrig seien, kämen sie schon nach Hause. Und irgendwie tauchte die ganze Sippe immer wohlbehalten und schmutzig zur Essenszeit wieder auf.

Ich habe keine Zweifel daran, dass sie viel von Bud hielt, aber wenn eine Frau vierzehn Kinder hat, ist ihre Aufmerksamkeit ständig abgelenkt, sodass sie ihre Zuneigung nicht fokussieren oder einen Sprössling bevorzugen kann. Und als Buds Kleider eines Tages am Fluss neben dem Wasserloch gefunden wurden, aber kein Bud darin steckte, erfüllte die Witwe keineswegs die Erwartungen der Nachbarn, die ihr die Nachricht überbracht hatten und nun herumstanden und darauf warteten, dass sie in lautes Wehklagen und Hysterie ausbrechen würde.

Sie bestätigte zwar, dass es sich um Buds Kleider handele, aber sie wollte wissen, wo seine sterblichen Überreste seien. Sagte, es gäbe kein Begräbnis oder ähnlich teure Veranstaltungen, solange nicht irgendjemand seinen Leichnam präsentiere. In der Tat war sie ein recht ruhiges, unerschütterliches Früchtchen.

Während die Witwe aber etwas zu viel christlichen Gleichmut zeigte, waren die übrigen Ortsbewohner mächtig von Buds Tod aufgewühlt. Und alle unterbrachen ihre Arbeit, um sich gegenseitig zu bestätigen, was für ein besonderer kleiner Bursche er gewesen war, und dass seine Mutter es wirklich nicht verdiente, so einen intelligenten kleinen Sonnenschein in ihrem Heim zu haben, und um zwischen dem Geklatsche den Fluss abzusuchen. Aber kein Bud weit und breit.

Bei all den Sorgen und der Aufregung war die Witwe die Einzige, die kein besonderes Interesse zeigte, außer um sich nach den Ergebnissen zu erkundigen. Als die Bewohner am Ende der Woche schließlich das gesamte Flussbett mit Netzen und Stöcken abgesucht und außer einer Sammlung Blechdosen und einigen toten Katzenwelsen nichts vorzuweisen hatten, warf sie einen Schal über den Kopf und ging die Straße hinunter zur Hütte von Louisiana Clytemnestra, einer gelbhäutigen Alten, die für zwei Vierteldollar in Trance verfiel und für einen Dollar ein Vermögen aufspürte. Ich nehme an, heute würde sie sich als Hellseherin bezeichnen, aber damals war sie einfach eine Voodoo-Frau.

Nun, die Witwe sagte, halbwüchsige Jungen dürften eigentlich nur den halben Preis kosten, legte einen Vierteldollar auf den Tisch und sagte, sie wolle ein paar Minuten privat mit ihrem Bud sprechen. Clytie antwortete, sie tue ihr Bestes, aber die Geister seien mächtig hochnäsig und anspruchsvoll, selbst wenn sie auf Erden nur armer weißer Müll gewesen seien. Und es mache sie unter Umständen wütend, von ihrem Vergnügen abberufen zu werden, wenn sie sich gerade ein wenig erholten, oder von ihren exklusiven New Yorker Kunden, für die sie momentan tätig seien, nur um sich um ein Billiggeschäft zu kümmern. Aber sie würde es dennoch versuchen, und das tat sie dann auch. Nachdem sie aber eine halbe Stunde lang in Krämpfen gezuckt hatte, gab sie auf. Sagte, sie nehme an, Bud sei zu irgendwelchen Schelmenstreichen unterwegs und habe keine Lust, für einen mageren Vierteldollar zu antworten.

Die Witwe war schwer enttäuscht, aber sie sagte, das sähe Bud ähnlich. Er sei schon immer ein Junge gewesen, der nie zu finden war, wenn man ihn brauchte. Und so ging sie wieder und meinte, sie habe genug für ihr Geld bekommen, als sie Clytie in diese komischen Zuckungen verfallen sah.

Am nächsten Tag kehrte sie allerdings zurück und zahlte zwei Vierteldollar, woraufhin Clytie vermutete, das solle Bud gewiss herbeirufen. Aus irgendwelchen Gründen hatte sie aber wieder kein Glück und schließlich schlug die Witwe vor, sie solle Buds Vater anrufen – Buck Williams war damals schon zehn Jahre tot – und der alte Mann antwortete auch prompt.

»Wo ist Bud?«, fragte die Witwe.

Hatte ihn nirgendwo gesehen. Wusste nicht, ob er ihm über den Weg gelaufen war. War er getauft?

»Nein.«

Dann müsse er weiter unten nach ihm suchen.

Clytie sagte der Witwe, sie müsse ihn erneut anrufen und dann würde Bud bestimmt erscheinen. Also kam sie am nächsten Tag zurück und legte einen Dollar auf den Tisch. Das zauberte den Geist des alten Buck Williams umgehend herbei, wie du dir denken kannst, aber er meinte, er habe Bud immer noch nicht gesehen. Die Ortsbewohner durchkämmten den Fluss erneut mit einem Schleppnetz, konnten aber kein Lebenszeichen von Bud erhaschen. Clytie beschwor George Washington, Napoleon, Billy Patterson, Ben Franklin und Captain Kidd, nur um zu beweisen, dass sie nichts unversucht ließ, aber von Bud keine Spur.

Ich nehme an, Clytie hatte die alte Lady in dem Versuch zappeln lassen, Buds rätselhaftes Verschwinden als einen hell lodernden Höhepunkt des Marsches der Amazonen erscheinen zu lassen, aber sie hatte keine Chance. Denn die alte Dame erhob sich mit einem sehr bestimmten Ausdruck um ihre Lippen und marschierte davon, während sie murmelte, es sei genauso, wie sie es sich die ganze Zeit gedacht habe – Bud sei nicht da.

Als die Nachbarn am selben Nachmittag vorbeikamen, um eine Gedenkmesse für ihr »verlorenes Lämmchen« abzuhalten, jagte die Witwe sie mit einem Besen davon. Sagte, sie hätten im

Fluss nach ihm gesucht und sie selbst habe jenseits des Flusses nach ihm gesucht, und nun sollten sie sich einfach still verhalten und darauf warten, dass er den nächsten Schritt tue. Versicherte außerdem, wenn sie das »verlorene Lämmchen« je zu fassen kriege, könne es durchaus Anlass für ein Begräbnis geben, sobald sie mit ihm fertig sei, aber erst dann. Insgesamt sah es so aus, als kämen eine Menge Probleme auf Bud zu, falls er irgendeinen Fehler gemacht hatte und noch am Leben war.

Die Witwe fand ihr »verlorenes Lämmchen« schließlich hinter einem Regenfass versteckt, als sie am nächsten Morgen das Haus aufsperrte, und es gab eine mächtig rührende und bewegende Szene. In der Tat muss sie ihren Sohn ungefähr hundert Mal »angefasst« haben, und jedesmal kamen ihm Tränen, denn sie verdrosch ihn mit einer Bettlatte – einem äußerst wirksamen moralischen Argument, um einen Jungen zur Einsicht über sein Fehlverhalten zu bringen. Und es dauerte einen Monat, bis Bud die Hauptstraße entlanggehen konnte, ohne dass einer der Männer, die ihn einen »besonderen kleinen Burschen« beziehungsweise einen »kleinen intelligenten Kameraden« genannt hatten, während sie ihn ertrunken wähnten, ihm einen Hieb aufs Ohr dafür gab, dass er wieder aufgetaucht war und ihn lächerlich gemacht hatte.

Niemand außer der Witwe fand jemals heraus, was Bud eigentlich getrieben hatte, aber es schien, als habe er sich auf den Weg gemacht, um einige Indianerskalps zu erbeuten und sei für ein wenig gebratenen Speck und Maismehlbrot zurückgekehrt.

Ich erwähne die Witwe nur ganz nebenbei als Beispiel dafür, dass der Zeitpunkt, sich Sorgen zu machen, gekommen ist, wenn alles vorbei ist, und die richtige Methode sich zu sorgen darin besteht, es den Nachbarn zu überlassen. Morgen schiffe ich mich für die Rückreise ein.

Dein dir zugetaner Vater,
John Graham

BRIEF 19

John Graham
von der New Yorker Zweigstelle von Graham & Co.
an
seinen Sohn Pierrepont
in den Union Stock Yards, Chicago

Der alte Herr hat auf seiner Heimreise eine junge Dame kennengelernt, die sein Interesse geweckt hat, und die ihrerseits Interesse an Mr. Pierrepont zu haben scheint.

New York, 4. November 189_

Lieber Pierrepont,
wer ist Helen Heath, und was hast du mit ihr im Sinn? Sie weiß wesentlich mehr über dich, als sie wissen sollte, falls deine Absichten nicht ernsthafter Natur sein sollten, und ich weiß weitaus weniger über diese junge Dame, als ich wissen sollte, falls deine Absichten ernst sind. Das Festland war noch nicht aus meinem Blickfeld entschwunden, als Helen und ich miteinander Bekanntschaft machten, und sie hat mich während der gesamten Atlantiküberquerung wie einen Vater behandelt. Sie ist ein sehr hübsches und ein äußerst reizendes und auch ein sehr vernünftiges Mädchen – in der Tat ist sie derart die Sorte jun-

ger Dame, mit der ich dich gerne verheiratet sähe, dass ich befürchte, es wird nichts draus.

Natürlich reicht dein Gehalt noch nicht aus, aber du kannst mit fünfzig Dollar die Woche viel Glück kaufen, wenn du die richtige Frau als Einkaufsmanager an deiner Seite hast. Zwar gebe ich nicht viel auf große Liebe in einer bescheidenen Hütte, aber Liebe in einer Wohnung mit fünfzig die Woche als Ausgangsbasis ist mit dem richtigen Mädchen vollkommen in Ordnung. Ist sie nicht die Richtige, ist es ziemlich egal, mit wie viel du beginnst, weil das dicke Ende dann sowieso kommt.

Geld sollte nie ausschlaggebend für eine Ehe sein, aber es sollte eine der Überlegungen dafür sein. Wenn ein junger Mann und eine junge Frau vor der Ehe nicht genügend über Geld nachdenken, werden sie nach der Hochzeit beide umso mehr darüber grübeln. Und wenn ein Mann abends ständig rechnen muss, ist es reichlich unbequem, gleichzeitig seine Frau auf dem Schoß zu halten.

An dem Gerede, dass zwei billiger leben können als einer alleine, ist nichts dran. Eine gute Frau verdoppelt die Ausgaben des Mannes und sein Glück, und das ist eine recht gute Investition, wenn er das Geld hat, um es zu investieren. Ich habe Frauen kennengelernt, welche die Ausgaben ihrer Männer um die Hälfte gesenkt haben, aber dafür haben sie ihre eigenen verdoppelt. Ich muss allerdings hinzufügen, dass ich auch viele Ehemänner getroffen habe, welche die Ausgaben ihrer Frauen halbiert haben, und sie passen naturgemäß in jede Diskussion über unser Geschäft, denn sie sind Schweine. Es gibt einen Punkt, an dem Sparsamkeit zu einem Laster wird, und der ist gekommen, wenn ein Mann sie auf seine Frau abwälzt.

Ein unverheirateter Mann ist zu einem guten Teil wie ein unerschlossenes Grundstück – er mag eine Menge Geld wert sein, aber er ist von keinem besonderen Nutzen, außer um darauf zu bauen. Das Problem mit vielen Burschen ist, dass sie »erschlossenes Gelände« sind, und wenn man ein wenig gräbt, trifft man unter den Geldschichten, mit denen ihre Daddys die Oberfläche gepflastert haben, auf Schlamm und Fusel. Natürlich ist die einzige Methode, um mit einem derartigen Angebot umzugehen, Streben hundertzwanzig Meter tief bis auf soliden Felsen einzuhauen und dann Schicht für Schicht Eisen und Zement auszulegen, bis man ein solides Fundament hat, auf dem man bauen kann. Viele Frauen stürzen sich aber in die Ehe, ohne die vorbereitenden Arbeiten vorzunehmen und wundern sich, wie ihnen geschieht, wenn die Wände Risse bekommen und über ihnen zusammenbrechen.

Immer wenn ich auf einen Vertreter dieser Gattung treffe, muss ich unweigerlich an Jack Carter denken, dessen Vater vor ungefähr zehn Jahren verstarb, Jack eine Million Dollar hinterließ und mich als Treuhänder seines Vermögens und Vormund seines Erbens bis zu dessen fünfundzwanzigstem Geburtstag bestimmte. Ich war nicht besonders erfreut über diese Aufgabe, weil Jack die menschliche Ausgabe einer Malakofftorte war – nichts als Schlagsahne, Schaumgebäck und teure Aromaextrakte, ohne jegliche Substanz. Er hatte nichts besonders Verwerfliches an sich, aber auch nichts besonders Gutes, und ich hatte schon immer das Gefühl, es gäbe mehr Hoffnung für einen Burschen, der ein wirklich verfluchter Kerl ist, als für einen, der einfach aus einer Menge geringfügiger Bosheiten besteht. Jack trug mächtig elegante Kleidung und modische Westen, und die jungen Damen sagten alle, er sei ein perfekter

Traum, aber ich habe noch nie eine große Befriedigung aus Träumen gezogen.

Es kommt nur sehr selten vor, dass ich mich öffentlich zur Schau stelle, aber in dem Winter, nachdem ich die Erbschaft des alten Jack auf seinen Sohn übertragen hatte – er war damals dreiundzwanzig –, bearbeitete mich deine Mutter so beharrlich, dass ich schließlich meinen feinen Harnisch anlegte und mich eines Abends zu den Ralstons ausführen ließ. Allerdings gehöre ich zur Kaltblüter-Rasse der Percherons und so stand ich mit einer Menge anderer alter Zugpferde herum, die sich eigentlich in ihren Ställen hätten ausruhen sollen, und beobachtete, wie die jungen Hengste tanzten und umhertollten.

Jack war selbstverständlich einer von ihnen und tanzte mit der jüngsten Churchill-Tochter, wobei er sie für meinen Geschmack ein wenig fester an sich drückte, als nötig gewesen wäre, um sie vor dem Fallen zu bewahren. War mit seinen Füßen so flink wie mit seinem Mundwerk – vertat sich bei keiner einzigen Drehung und machte zugleich die schönsten verbalen Pirouetten. Und dabei blickte er seine Tanzpartnerin die ganze Zeit so eindringlich und begehrlich an wie ein Scotchterrier ein Rattenloch.

Ich stand zufällig mit zwei oder drei Frauen, denen diese Szene nicht entging, in einer Ecke – Edith Curzon, eine große stattliche Brünette, die Jack meines Wissens heftig umgarnt hatte, und die kleine Mabel Moore, eine hübsche pummelige Blondine. Es dauerte nicht lange, bis mir klar wurde, dass sie Jack mit verzweifeltem Kribbeln in ihren Fingern beobachteten. Tatsächlich wirkte es auf mich, als sei der junge Frechdachs wesentlich begehrter, als meine Kenntnis seines Charakters es ratsam erscheinen ließ.

Ich schlich mich relativ früh nach Hause, aber am folgenden Abend, als ich in meinem kleinen Raucherzimmer saß, kam Jack hereingeschneit und platzte ohne jede Umschweife heraus:

»Ist sie nicht beeindruckend, Mr. Graham!«

Ich pflichtete ihm bei, Miss Curzon mache durchaus Eindruck.

»Jaja, Miss Curzon, allerdings«, schnaubte er. »Sie ist auf ihre stattliche Weise nicht schlecht, aber Miss Churchill –«, wobei er auf der Suche nach Adjektiven wild zu gestikulieren begann.

»Woher soll ich wissen, dass du Miss Churchill meintest?«, fragte ich. »Es ist kaum zwei Wochen her, dass du mir erzählt hast, Miss Curzon sei eine Göttin und werde dein Leben regieren und es in den Himmel auf Erden verwandeln oder so ähnlich. Ich habe die genauen Worte vergessen, aber es waren überaus schöne Gedanken und sprachen sehr für dich.«

»Erinnern Sie mich nicht daran«, stöhnte Jack. »Mir wird jedes Mal schlecht, wenn ich daran denke, was für ein Esel ich gewesen bin.«

Ich sagte, ich hätte selber ein wenig Unwohlsein verspürt, fügte aber hinzu, dass er dieses Mal zumindest ein wenig Vernunft bewiesen habe; dass Miss Churchill eine sehr hübsche junge Dame und außerdem so reich sei, dass ihre Gefühle für ihn nichts Schlimmeres bewiesen als mangelnde Urteilskraft. Und dass er nun am besten seine Albernheiten beende, ihr einen Heiratsantrag unterbreite und fortan mit Spitze, Hacke, eins, zwei, drei den Rest des Lebens mit ihr tanze.

Jack zögerte und wandt sich ein wenig bei diesen Worten und schließlich ließ er es heraus: »Da gibt es ein Dilemma«, sagte er. »Ich befinde mich in scheußlicher Lage – ich möchte sie heiraten, sie ist auf der ganzen Welt das einzige Mädchen, das ich will; die Einzige, die ich wirklich je geliebt habe, und ich habe ihr bereits einen Antrag gemacht – nein, ich will ihr einen Antrag machen. Aber ich bin bereits heimlich mit Edith Curzon verlobt.«

»Dann nehme ich an, wirst du sie heiraten«, sagte ich, »denn sie wirkt auf mich wie eine junge Frau, die nicht einfach so eine Million Dollar ziehen lässt, ohne sich an ihre Fersen zu heften.«

»Und das ist noch nicht das Schlimmste«, fuhr Jack fort.

»Nicht das Schlimmste! Was meinst du damit? Du hast sie doch nicht etwa heimlich geheiratet, oder etwa doch?«

»Nein, aber da ist Mabel Moore, wissen Sie.«

Ich wusste es nicht, aber ich hatte es vermutet. »Du bist doch nicht ein solcher Esel gewesen, auch ihr eine Option auf deine Person einzuräumen?«

»Nein, nein, aber ich habe ihr Dinge gesagt, die sie möglicherweise missverstanden hat, falls sie sie wörtlich genommen hat.«

»Du kannst darauf wetten, dass sie das getan hat«, antwortete ich. »Ich habe noch nie eine hübsche, dralle Blondine erlebt, die ein millionenschweres Angebot als guten Witz abgetan hat. Was hast du denn genau zu ihr gesagt? ›Ich liebe dich, meine Süße‹ oder irgendetwas ähnlich abgeschmackt Unverbindliches?«

»Nein, das nicht – überhaupt nicht; aber sie könnte die Dinge, die ich ihr gesagt habe, ein wenig in diese Richtung dehnen.«

Nun, daraufhin habe ich mir den jungen Mann gehörig zur Brust genommen, auch wenn ich sehen konnte, dass er das nicht für die feine englische Art hielt. Er hatte nie ein Geheimnis daraus gemacht, dass er mich für einen recht ungehobelten alten Mann hielt, und sein Gesichtsausdruck zeigte mir, dass ich sein zartes Gemüt erschütterte.

»Ich bin vermutlich indiskret«, sagte er, »aber ich muss sagen, dass ich anderes von Ihnen erwartet habe, nachdem ich mich Ihnen offenbart und die Verantwortung für mein Handeln übernommen habe. Wenn Sie mir natürlich nicht helfen wollen –«

An dieser Stelle unterbrach ich ihn: »Ich muss dir helfen. Aber ich will, dass du mir die Wahrheit sagst. Wie hast du es geschafft, das Curzon-Mädchen davon abzuhalten, eure Verlobung öffentlich bekannt zu machen?«

»Nun«, und da machte sich ein banges Grinsen auf seinem Gesicht breit, »ich habe ihr gesagt, Sie als Treuhänder der testamentarischen Verfügung meines Vaters besäßen eine bestimmte unangenehme Macht über mein Geld – dass der Großteil dieses Vermögens in der Tat an Sie fiele, falls ich mich gegen Ihr ausdrückliches Einverständnis verheiratete. Und dass Sie sie nicht mögen und sie sich Ihr Wohlwollen erarbeiten muss, bevor wir daran denken könnten, unsere Verlobung bekannt zu geben.«

Mir wurde sofort klar, dass er Mabel Moore das Gleiche erzählt hatte, und dass das der Grund war, warum diese beiden Damen am Abend zuvor so verdammt zuvorkommend zu mir gewesen waren. Also sagte ich es ihm auf die Nase zu: »Du bist auch mit Miss Moore verlobt, nicht wahr?«

»Ich fürchte.«

»Warum hast du das nicht wie ein Mann gleich zu Anfang gesagt?«

»Konnte ich nicht, Mr. Graham. Irgendwie schien es zu viel auf einmal, und Sie haben so eine kaltherzige, mitleidslose Sicht dieser Dinge.«

»Womöglich, ja, ich fürchte, das habe ich. Bis zu welchem Grad hast du dich gegenüber Miss Churchill verpflichtet?«

Jacks Miene heiterte sich unverzüglich auf. »Da gibt es zumindest keine Probleme. Sie hat nicht geantwortet.«

»Du hast ihr aber einen Antrag gemacht?«

»Nun ja, habe ich; zumindest könnte sie es so auslegen. Das ist mir aber egal, ich möchte mich mit ihr verbinden; ich kann nicht ohne sie leben; sie ist die Einzige –«

Ich sah, dass er erneut überzuschäumen drohte, daher würgte ich ihn gleich ab. Sagte ihm, er solle seine Begeisterung für die Zeit nach der Eheschließung aufsparen. Dann hieß ich ihn am Schreibtisch Platz nehmen und diktierte ihm zwei Briefe, einen an Edith Curzon und den anderen an Mabel Moore. Dann ließ ich ihn beide Schriftstücke unterschreiben und versiegelte sie an Ort und Stelle. Er wandt sich wie ein Regenwurm und versuchte, mir vom Haken zu gehen, aber ich ließ ihm keine Chance. Zwang ihn, schonungslos ehrlich zu sein und zuzugeben, er sei ein ungestümer junger Hund, habe einen Fehler gemacht und die Verlobung sei aufgelöst, wenngleich ich eine etwas andere Wortwahl benutzte und einige hochtrabende Ausdrücke und Wendungen einflocht.

Ich war innerlich zu dem Schluss gekommen, dass das kleinste Übel in dieser Angelegenheit das Churchill-Mädchen war, aber ich wollte nicht, dass sie sich verbindlich äußerte, bevor nicht alle Trümmer aus dem Weg geräumt waren. Ich plante, ihre Verlobung anschließend höchstpersönlich bekanntzugeben und wie ein Schießhund über Jack zu wachen, um sicherzustellen, dass er keinen weiteren Unfug anstellte. Beide waren so flatterhaft und unsolide, dass sie sich auf natürliche Weise zu ergänzen schienen.

Jack griff nach den beiden Briefen und setzte an, sie sich in die Tasche zu stecken, aber ich kam ihm zuvor. Ich vermute, er hatte vor, den Schreiben auf dem Weg zum Briefkasten etwas »zustoßen« zu lassen. Das konnte ich allerdings verhindern, da ich den Butler rief und ihn anwies, er möge gleich losgehen und sie einwerfen.

Ich hatte die Briefe mit Datum und Absender meines Hauses versehen und brachte Jack dazu, über Nacht zu bleiben, da ich es für angemessen hielt, ihn für die nächsten zwei Tage in erreichbarer Nähe zu haben. Am nächsten Morgen erschien er zum Frühstück mit einer Miene, die einem Kalb auf dem Weg zur Schlachtbank glich, und ich konnte buchstäblich sehen, wie es in ihm arbeitete und er gedanklich dem Postmann folgte, der die beiden Briefe den jeweiligen Empfängerinnen überbringen sollte. Ich versuchte ihn aufzuheitern, indem ich ihm einige kleine Anekdoten über die Probleme anderer Leute aus der Morgenzeitung vorlas, aber sie schienen ihn nicht zu interessieren.

»Jetzt müssen die Briefe gerade eingetroffen sein«, stöhnte er schließlich in seine Kaffeetasse. »Warum habe ich sie nur geschrieben? Was werden die Mädchen von mir denken? Sie werden mich schneiden – nie wieder das Wort an mich richten.«

Der Butler kam herein, bevor ich ihm sagte, dass sei genau das, was wir zu erreichen beabsichtigten, und sagte: »Entschuldigen Sie die Unterbrechung, Sir, aber da ist eine Dame am Telefon, die mit Ihnen sprechen möchte.«

»Eine Dame!«, rief Jack. »Sagen Sie ihr, dass ich nicht da bin.« Mit einer der beiden sprechen, selbst aus der sicheren Entfernung! Ganz bestimmt nicht. Allein bei dem Gedanken wurde er so bleich wie ein Schwein auf einer Eisfläche.

»Ich bedaure, Sir«, erwiderte der Butler, »aber ich habe ihr bereits gesagt, dass Sie beim Frühstück sitzen. Sie sagte, es sei sehr wichtig.«

Ich konnte sehen, dass Jacks Neugier am Ende größer war als seine Angst. Am Ende meinte er, es sei wohl das Beste, zu hören, was sie zu äußern habe. Das dachte ich auch, und so ging er zum Telefon und sagte laut und vernehmlich: »Hallo!«, wohl in dem Versuch, mutig und bestimmt zu klingen, aber seine Stimme wackelte dennoch ein wenig.

Als er fertig war, teilte er mir den Hergang des Gesprächs mit.

»Hallo, bist du das, Jack?«, zwitscherte Edith Curzon.

»Ja, wer spricht da?«

»Edith«, ertönte es am anderen Ende der Leitung. »Ich habe deinen Brief erhalten, verstehe aber kein Wort. Komm doch heute Nachmittag und erkläre ihn mir, denn wir sind doch noch immer gute Freunde, oder nicht, Jack?«

»Ja – gewiss«, stammelte Jack.

»Und du wirst auch gewiss kommen?«

»Ja«, antwortete er und legte auf.

Er hatte sich kaum von seinem Schock erholt, als ein Laufbursche eine Note überbrachte, die eindeutig eine weibliche Handschrift trug.

»Und nun zu dieser«, sagte Jack, erbrach das Siegel und las: »Jack, mein Lieber, deine grauenhafte Note sagt nichts, erklärt nichts. Komm doch bitte heute Nachmittag und kläre mich auf, was sie bedeutet. MABEL.«

»So weit, so gut«, rief Jack, wirkte aber auf verschlagene Weise zufrieden. »Was denken Sie, Mr. Graham?«

»Gefällt mir nicht.«

»Glauben Sie, sie werden die Trennung vollziehen?«, fragte er.

»Wie eine Wurstschneidemaschine. Aber dennoch ist mir nicht klar, wie sie nach diesem Brief überhaupt noch mit dir reden können.«

»Nun, soll ich hingehen?«

»Ja, in der Tat musst du das; aber Jack, verhalte dich wie ein Mann. Erkläre ihnen frank und frei, dass du sie nicht genügend liebst, um sie zu heiraten; sage, du hättest vor einigen Tagen zufällig deine ehemalige Freundin wiedergetroffen und festgestellt, dass du sie immer noch liebst – oder irgendetwas in dieser Richtung, und bleibe dabei. Nimm die Reaktion hin, die du verdienst. Wenn sie versuchen, dich in die Enge zu treiben, kannst du nichts anderes tun, als ihnen vorzuschlagen, gemeinsam mit ihnen beiden zu den Mormonen nach Utah zu ziehen und eine Vielehe zu führen. Das wird die Sache beenden. Bleibe hart.«

»Wie ein Fels, Sir.«

Ich lud Jack zum Mittagessen in die Stadt ein, aber als ich ihn so gegen zwei Uhr verabschiedete, wirkte er wie eine Katze, die sich auf leisen Pfoten die Hintertreppe hochschleicht, weil sie weiß, dass da Kanarienvögel auf sie warten – verstohlen, aber zufrieden –, sodass ich mich veranlasst fühlte, meine Ermahnung zu wiederholen: »Bleibe hart, Jack.«

»Hart ist das Wort, Sir«, erwiderte er resolut.

»Und unnachgiebig.«

»Wie die alte Garde.« Und dabei schwellte er seine Brust, bis er aussah, wie eine Taube auf einem Scheunendach, und fegte davon, wobei er von hinten mächtig elegant und männlich wirkte.

Die Einzelheiten, wie es weiterging, habe ich nie ganz erfahren, aber ich habe mir später, aus dem wenigen, was ich in Erfahrung bringen konnte, einen Reim machen können. An der Ecke befand sich ein Blumengeschäft. Jack ging hinein und sandte Miss Curzon per Eilkurier eine Schachtel Rosen, damit es etwas gäbe, um das Gespräch in Gang zu bringen, sobald er dort einträfe. Zwei Häuserblöcke weiter kam er an einem weiteren Blumengeschäft vorbei, wo er Miss Moore einige Lilien sandte, aus Angst, sie könnte denken, er habe sie während der ein oder zwei Stunden, bevor er sie besuchen konnte, vergessen. Dann fand er ein drittes Blumengeschäft und bestellte einige Veilchen für Miss Churchill, um sie daran zu erinnern, dass sie ihm an diesem Abend den ersten Tanz bei den Blairs versprochen hatte. Deine Mutter sagte mir, Jack besäße einen natürlichen Instinkt für diese kleinen Aufmerksamkeiten, die Frauen so schätzen, und wähle die Blumen für jede Einzelne immer mit großer Sorgfalt aus. Nach meiner Erfahrung gehört ein Lebewesen, das über Instinkte statt Verstand verfügt, zu den Piepmätzen in den Busch.

Niemand hat je erfahren, was Jack in den nächsten drei Stunden widerfuhr. Gegen fünf tauchte er mit mächtig eingebildeter Miene in seinem Klub auf, aber als er sah, dass ich im Lesesalon auf ihn wartete, fiel ihm der Unterkiefer herunter, als habe sich eine Sprungfeder gelöst.

»Sie hier?«, fragte er und warf sich in einen Stuhl.

»Allerdings«, erwiderte ich. »Ich möchte hören, wie es gelaufen ist. Du hast die Angelegenheit bereinigt, nicht wahr?« Aber aus seinem Blick wusste ich genau, dass nichts dergleichen geschehen war.

»Nein – nicht genau – soll heißen, nicht vollständig; aber ich habe einen sehr zufriedenstellenden Anfang gemacht.«

»Du hast von vorne angefangen, nehme ich an.«

Das kam der Wahrheit so nahe, dass Jack wie von der Tarantel gestochen aufsprang und einen lauten Fluch ausstieß. Ich hätte nicht überraschter sein können, wenn ich deine Mutter hätte schimpfen hören.

»Verdammt, Sir, ich werde mir keine weiteren Ihrer verwünschten Einmischungen mehr gefallen lassen. Diese Briefe waren von ausgesuchter Brutalität. Ich beende meine Beziehungen zu diesen Damen, aber auf eine wesentlich sanftere, und wie ich hoffe, würdigere Art und Weise.«

»Jack, ich glaube dir kein Wort. Du hast sie enger eingewickelt denn je.«

Ich konnte sehen, dass ich ins Schwarze getroffen hatte, denn Jack brauste auf, aber ich schnitt ihm das Wort ab.

»Mach, was du willst und geh zum Teufel«, sagte ich, erhob mich und verließ den Klub. Ich vermute, Jack fühlte sich noch eine ganze Stunde schwer verärgert, aber ein gutes Abendessen ließ ihn wieder zur Ruhe kommen. Dann stellte er fest, dass Miss Moore nicht vorhatte, zu den Blairs zu gehen und Miss Curzon sich mit ihrer Schwester zu einem anderen Tanz verabredet hatte, und so rechnete er sich aus, freie Bahn für einige Pirouetten mit Miss Churchill zu haben.

Ich versetzte deine Mutter in einige Überraschung, als ich verkündete, ich werde zu den Blairs gehen, da es mir schien, als werde der letzte Akt in Sachen Jack dort vollzogen und ich es für besser hielt, vor Ort zu sein. Schließlich hatte ich das Gefühl, im Namen meiner Freundschaft zu Jacks Vater müsse ich alles tun, was in meiner Macht stünde. Auch wenn ich keine große Chance sah, dem Jungen ein wenig Vernunft in den Schädel zu hämmern.

Als ich den Raum betrat, sprach Jack gerade mit Miss Churchill und war so auf dieses Gespräch konzentriert, dass er weder gewahr wurde, wie ich mich ihm von der einen Seite des Raumes aus näherte, noch bemerkte, dass Edith Curzons Schwester Mrs. Dick, eine äußerst tüchtige, verheiratete junge Frau, von der anderen Seite auf ihn zukam und auch nicht bemerkte, dass Miss Curzon mit einer seiner Rosen im Haar ihn von einer Ecke aus beobachtete. An jenem Nachmittag mussten die Schwestern Kriegsrat gehalten und für den Abend einen Plan ausgeheckt haben.

Mrs. Dick kam mir bei Jacks Verfolgung zuvor, aber ich war ihr mit einer knappen Sekunde Verzögerung auf den Fersen. Jack bemerkte sie nicht, bis sie direkt neben ihm stand und ihm mit ihrem Fächer auf den Arm klopfte.

»Lieber Jack«, sagte sie mit einem strahlenden Lächeln und zuckersüßer Stimme. »Lieber Jack, gerade habe ich es erfahren. Edith hat es mir erzählt, obwohl ich es schon seit langer, langer Zeit vermutete, du Spitzbube«, und versetzte ihm einen weiteren spielerischen Klaps mit dem Fächer.

Jack machte ein Gesicht, das ich einmal bei der alten Miss Curley, Präsidentin der Guten Templer, damals in unserer Kleinstadt in Missouri bei einem Fest sah, als sie plötzlich feststellte, dass die Eiscreme, von der sie gerade einen halben Löffel verschluckt hatte, nach Likör schmeckte.

Er stammelte irgendetwas und wollte mit Miss Churchill davoneilen, allerdings nicht, bevor ein Mann, der gerade vorbeiging, seine Hand ergriffen hatte und sagte: »Meine Glückwünsche, alter Bursche. Habe gerade die Neuigkeiten gehört.«

Jacks einziger Wunsch schien zu sein, sich ganz weit fort zu wünschen, und so zog er seine Partnerin bis ans andere Ende des Raumes hinter sich her, während ich ihnen folgte. Wir hatten fast das gesamte Zimmer durchschritten, als der junge Mann, der starr vor sich hingeblickt hatte, plötzlich einhielt und zurückscheute, weil keine drei Meter entfernt Miss Moore mit seinen Lilien stand, zart errötete und über irgendetwas lächelte, das der junge Blakeley zu ihr sagte.

Ich vermute, Jack erriet, was dieses Irgendetwas war, aber genau in diesem Augenblick entdeckte Blakeley ihn und eilte auf ihn zu. »Meine Glückwünsche, Jack«, sagte er. »Miss Moore ist eine charmante junge Dame.«

Und nun entwand Miss Churchill ihre Hand unter seinem Arm, wandte sich zu Jack und sah ihn an. Ihr Mund lachte, aber da war etwas in ihren Augen, das Jack seinen Blick abwenden ließ.

»Oh, du glücklicher Jack«, lachte sie. »Du doppelt glücklicher Jack.«

Dieser verkrampfte sich und murmelte: »Schlimmes Missverständnis irgendwie. Furchtbar heiß hier drinnen – ich bringe dir ein Glas Wasser«, und eilte davon. Dabei wich er Miss Moore aus, beschrieb anschließend einen eleganten Bogen um Miss Curzon und verschwand sicher durch die Tür. Er eilte weiter und ich folgte ihm.

Am nächsten Tag musste ich geschäftlich nach New York reisen. Jack war bereits dort, hatte eine Schiffspassage nach Europa gekauft und lungerte nun am Pier herum, in der Hoffnung, das Dampfschiff möge eilig ablegen. Ich ging zum Pier hinunter, um ihn zu verabschieden. Er machte so einen jämmerlichen Eindruck, dass ich Mitleid mit ihm gehabt hätte, hätte ich ihn nicht früher schon miserabel dreinblicken sehen.

»Was glauben Sie, Sir, hat es sich überall herumgesprochen?«, fragte er mich demütig. »Können Sie das Gerede nicht irgendwie zum Schweigen bringen?«

»Zum Schweigen bringen! Genauso gut könntest du versuchen, die Eisenbahn zu erschrecken und zu erwarten, dass sie extra für dich anhält.« »Mr. Graham. Ich bin wegen dieser ganzen Geschichte einfach untröstlich; es bricht mir das Herz. Ich weiß, dass ich Liverpool nie erreichen werde; ich werde während der Atlantiküberquerung verrückt werden und mich über Bord werfen. Ich bin einfach zu zart besaitet, um eine solche Geschichte auszuhalten.«

»Zart besaitet – dass ich nicht lache! Du hast nicht genug Mumm, das ist alles«, sagte ich. »Reiß dich zusammen und sei ein Mann, und lass dir das vor allem eine Lektion sein. Gute Reise.«

Mechanisch ergriff Jack meine Hand und blickte mich an, allerdings ohne mich zu sehen, denn seine kummergetrübten Augen hatten, als sie über das Deck wanderten, dieses hübsche kleine Gepäck aus dem Süden namens Fanny Fairfax entdeckt. Und als ich mich zum Gehen wandte, hatte er sich bereits auf die immergleiche Weise zu ihr gebeugt und blickte in ihre braunen Augen, als entdecke er darin ein dreigängiges Menü.

»Dass *Sie* hier an Bord sind!«, hörte ich ihn ausrufen. »Was habe ich doch für ein Glück, beim Jupiter, das habe ich!«

Ich gab Jack auf und inzwischen wacht eine ehemalige Strohwitwe über ihn. Ich habe nicht viel für Strohwitwen übrig, aber ich muss zugestehen, dass sie recht gute Arbeit leistet. Sie hat den jungen Mann so gezähmt, dass er ihr aus der Hand frisst, und ihn so gut dressiert, dass er sich nicht von Fremden streicheln lässt.

Ich habe einem Jack ein Vermögen vererbt – ich konnte es nicht ändern. Aber ich möchte nicht eines Morgens aufwachen und einen zweiten Jack in der Familie haben. Du wirst mir also schreiben und mich über den Stand der Dinge aufklären.

Dein dir zugetaner Vater,
John Graham

BRIEF 20

John Graham
von der Bostoner Zweigstelle von Graham & Co.
an
seinen Sohn Pierrepont
in den Union Stock Yards, Chicago

Mr. Pierrepont hat seinem alten Herrn mitgeteilt, wie »der Stand der Dinge« ist und dessen bedingten Segen erhalten.

Boston, 11. November 189_

Lieber Pierrepont,
wenn es so ist, dann ist es in Ordnung. Und du kannst gar nicht schnell genug heiraten, um deinem alten Herrn zu gefallen. Ich glaube an kurze Verlobungen und lange Ehen und sehe keinen Sinn darin, dass ein Mann weiter mit auf der Sünderbank sitzt, nachdem er ernsthaft bekehrt wurde. Der Zeitpunkt, die Stärken der anderen Seite einzuschätzen, ist vor der Verlobung.

Einige Männer machen einer jungen Dame einen Heiratsantrag, bevor sie wissen, ob ihr Stirnhaar und das Haar am Hinterkopf zusammenpassen und jammern dann, sie säßen in der Falle, wenn sie feststellen, dass sie ein Glasauge hat und ihr ein Bein fehlt. Ich habe keinerlei Mitleid mit ihnen. Sie bauen auf dem Prinzip auf, dass verheiratete Leute nur eine Mahlzeit am Tag zu sich nehmen und nach dem Theater frittierte Austern und Tuttifrutti-Eiscreme essen. Selbstverständlich zeigt sich eine junge Dame unter diesen Umständen von ihrer besten Seite.

Viel wichtiger ist zu wissen, wie sie morgens um sieben mit Eiern und Schinken umgeht und ob sie ihre beste Seite mit an den Frühstückstisch bringt. Und diese Burschen lassen eine junge Dame glauben, sie würden ihr gesamtes restliches Leben zwischen acht und elf Uhr abends damit verbringen, hundertvierzig Pfund Lebendgewicht auf dem Schoß zu halten und zu sagen, es fühle sich an wie eine Feder. Was man herausfinden muss, ist, ob der oder die Zukünftige ächzt und stöhnt, wenn er oder sie fünf Minuten lang ein zehn Pfund schweres Baby halten soll, als wiege es eine Tonne.

Eine junge Dame hört meist selbst das leiseste Flüstern, wenn man ihr sagt, sie sei die appetitlichste Ware im Regal. Was ein Mann aber wirklich wissen muss, ist, ob ihr Gehör gut genug ist, um ihn zu verstehen, wenn er ihr zuruft, dass sie zu viel Geld ausgibt und ein wenig sparsamer sein sollte. Natürlich schnurrt eine Frau, wenn du sie kraulst, streichelst und fütterst, aber es gibt nichts Besseres, als sie ab und an ein wenig aufzurütteln und zu sehen, ob sie Feuer spuckt und mit Gegenständen um sich wirft, wenn sie wütend ist.

Ich möchte an dieser Stelle sagen, dass es auf der Welt nur eine unangenehmere Sache gibt als eine Frau, die anfängt zu toben, wenn sie wütend wird, und das ist ein weibliches Wesen, das verstummt. Erstere regt sich am Porzellan ab; Letzere hingegen raucht vor sich hin wie eine Frachtlokomotive auf dem Gleis neben deinem Schlafwagenabteil – sie hält dich in Atem und sprungbereit, aus Sorge, sie könne jeden Moment explodieren. Allerdings passiert das nie und irgendwann ist sie darüber hinweg.

Du kannst deinem Bruder eine verpassen, wenn er den Märtyrer spielt, aber du musst deine Frau lieben. Eine gewalttätige Frau treibt einen Mann in den Alkohol, aber ein nörgelndes Eheweib treibt ihn in den Wahnsinn. Es fixiert seine Fehler und nervt ihn damit wie eine Blechbüchse, die an einen Hundeschwanz gebunden ist; je schneller der Hund läuft, um dem Krach zu entkommen, desto lauter scheppert sie.

Ich erwähne diese Dinge nur ganz allgemein und im Geiste eines Predigers bei der Bestattung des Mannes, der kein »Professor« war – weil es sich gehört, bei einer solchen Gelegenheit ein paar angemessene Bemerkungen zu äußern. Nach allem, was ich von Helen Heath gesehen habe, vermute ich, dass sie keinen Anlass dafür bietet. Sie ist, was ich als eine äußerst geeignete Kandidatin betrachte – hübsch, intelligent, vernünftig und ohne ein Vermögen, das sie töricht und dich zum Narren macht. In der Tat müsstest du viele Nächte durchwachen, bis du endlich gut genug für sie wärst, selbst wenn du ihr eine Million anstatt fünfzig die Woche bötest.

Ich glaube ausgesprochen an den Wert von Frauen für das Zuhause, aber im Büro überzeugen sie mich nicht; wenngleich ich vermutlich Vorurteile habe und sie aus dem Arbeitsleben nicht mehr wegzudenken sind. Ich gehe nie geschäftlich mit Damen um, ohne mich an einen kleinen Vorfall zu erinnern, der sich kurz nach meiner Hochzeit mit deiner Mutter ereignete. Wir begannen, unseren Haushalt in einer dieser Hütten einzurichten, über die man in Märchenbüchern liest, um die man aber einen Bogen machen möchte, wenn man tatsächlich darin leben soll.

An der Veranda vor dem Haus gab es Kletterrosen, aber kein fließend Wasser in der Küche; im Vorgarten blühten unzählige Blumen, und im Keller wimmelte es vor unzähligen Ratten. Der Hinterhof war riesig, aber in der Hütte war so wenig Platz, dass ich meine Füße aus dem Fenster strecken musste, wenn ich mich hinsetzte. Es war ein Ort, den man für ein Picknick aussucht; nach meiner Erfahrung machen Männer ihre Picknickausflüge allerdings meist vor der Ehe.

Deine Mutter kümmerte sich um die Küche und ich darum, dass wir etwas zu kochen hatten, wenngleich ich mich gelegentlich auch an den Herd wagte und Pfannkuchen durch die Luft wirbelte. Das waren harte Zeiten, das darfst du mir glauben, aber irgendwie schafften wir es, rundherum zufrieden zu sein, weil wir beschlossen hatten, aus allem Freude zu ziehen. Für die meisten Menschen scheint Glück und Harmonie etwas zu sein, das immer morgen eintrifft. Ich habe es mir aber zur Regel gemacht, Zufriedenheit nie auf morgen zu verschieben. Akzeptiere keine Schuldscheine auf das Glück, weil du feststellen wirst, dass sie am Tag der Fälligkeit nie eingelöst, sondern im Allgemeinen für weitere dreißig Tage verlängert werden.

Ich arbeitete zu dieser Zeit in einem Gemischtwarenladen und hatte schon damals eine kleine Schwäche für Viehhaltung. Zwar konnte ich mir nicht den Luxus erlauben, Tiere zu züchten, aber ich kaufte ein kleines Ferkel, dass ich den Sommer über auf Pump großziehen und im Herbst zur Schlachtung abzahlen wollte. Als es zu uns kam, war es einfach ein ganz gewöhnliches Schwein, und wir hielten es in einem kleinen Verschlag, aber es dauerte nicht lange, bis wir feststellten, dass es kein ordinäres Schwein war. Ehe ich es mich versah, hatte deine Mutter ihm einen Namen gegeben – Toby – und es frei herumlaufen lassen. Toby reagierte auf seinen Namen wie ein Hund. Habe nie ein ähnlich geselliges Schwein gesehen; es wollte mit uns auf der Veranda sitzen und versuchte sogar, abends ins Haus zu kommen. Wenn es mich abends von der Arbeit heimkommen sah, rannte es mir laut und fröhlich quiekend auf der Straße entgegen.

Nun, der November näherte sich und Toby hatte seine Chancen weidlich genutzt. Nie habe ich ein Schwein gesehen, dass Mais so schnell in Speck verwandelte, und je dicker es wurde, desto gutgelaunter und anhänglicher wurde es. Ich glaube, irgendwie empfand ich heimlich auch etwas für Toby, aber auf der anderen Seite war ich ganz versessen auf Schweinefleisch, und wir brauchten Toby in der Küche. Also ließ ich ihn schlachten.

Als ich am nächsten Tag zum Abendessen nach Hause kam, fiel mir auf, dass deine Mutter sehr feierlich blickte, als sie den Schweinebraten auftischte. Ich war aber irgendwie abgelenkt und dachte gerade an etwas anderes, als ich die Serviergabel ins Fleisch piekste und sagte: »Möchtest du ein Stück von Toby, meine Liebe?«

Nun, sie sah mich kurz an, und dann brach sie in Tränen aus, sprang vom Tisch auf und lief davon. Als ich ihr folgte und fragte, was los sei, hörte sie umgehend auf zu weinen und wurde fuchsteufelswild. Nannte mich herzlos und einen grausamen Kannibalen. Das schien ihr Erleichterung zu verschaffen, sodass sie aufhörte, wütend zu sein und wieder zu weinen begann. Sie flehte mich an, Toby aus der Soße zu nehmen und ihn im Garten zu begraben. Ich versuchte, vernünftig mit ihr zu reden, und am Ende gelang es mir, sie zu der Einsicht zu bringen, dass uns eine Bestattung für Toby bei acht Cent das Pfund ziemlich teuer käme. Auf jeden Fall hatte sie es geschafft, mir den Appetit zu verderben, sodass ich weder Schwein noch kalten Braten wollte. An jenem Abend trug ich Tobys Überreste zum Ladeninhaber an der Ecke, von dem ich wusste, dass er diesen Schinken genießen würde, ohne in Tränen auszubrechen, und bekam einen recht ordentlichen Preis für das Stück.

Ich erwähne Toby nur ganz nebenbei als Beispiel, warum ich nicht glaube, dass Frauen fürs Geschäft gemacht sind – zumindest nicht für die Fleischverarbeitung. Ich habe schon mit vielen Damen verhandelt und die Erfahrung gemacht, dass wenn sie schwache Argumente haben, sie das Weib herauskehren und gewinnen. Und wenn sie starke Argumente haben, dann verzichten sie auf ihre Weiblichkeit und schachern unnachgiebiger mit dir als ein Mann. Sie gewinnen einfach immer, und ich beteilige mich nicht gerne an einem Spiel, bei dem ich von vornherein keine Chancen habe. Wenn ein Mitarbeiter einen dummen Fehler macht, will ich ihn nicht um Verzeihung bitten müssen, weil ich ihn zurechtgewiesen habe, und ich will auch nicht, dass er errötet, zittert und ein wenig Salzlake in ein modisches Taschentuch tropfen lässt.

Ein wenig Abwechslung ist etwas sehr Angenehmes, und mir gefällt die weibliche Art zu Hause viel zu sehr, als dass ich sie auch im Büro haben wollte. Anstatt Frauen einzustellen, versuche ich, ihre Ehemänner zu beschäftigen, und dann arbeiten im Allgemeinen beide für mich. Es gibt nichts Besseres, als eine Frau im Haus, um einen Mann im Büro anzuspornen.

Ein verheirateter Mann ist ein höheres Gehalt wert als ein Junggeselle, weil seine Frau seinen Wert steigert. Wahrscheinlich geht er etwas früher zu Bett und steht etwas zeitiger auf, ist ein wenig beständiger und strengt sich etwas mehr an als ein Mann, der jeden Abend eine andere junge Dame unterhält und einfach nicht zu Hause bleiben kann. Aus diesem Grund erhöhe ich dein Gehalt an dem Tag, an dem du Helen heiratest, auf fünfundsiebzig Dollar die Woche, und aus diesem Grund höre ich jetzt auch auf, dir Briefe zu schreiben – ich übergebe dich einfach ihren Händen und überlasse es ihr, dich in Zucht und Ordnung zu halten. Ich wette, sie kann das besser als ich.

Dein dir zugetaner Vater,
JOHN GRAHAM

ENDE

ÜBER DIE AUTOREN

George Horace Lorimer

George Horace Lorimer wurde 1867 in Louisville, Kentucky, geboren. Er besuchte die Moseley Highschool in Chicago und studierte am Colby College und an der Yale University. Im Jahre 1899 wurde er Chefredakteur der »Saturday Evening Post«, bei der er bis zu seinem Tod 1936 beschäftigt war. Außerdem diente er als Vizepräsident, Präsident und Chairman der Curtis Publishing Company, welche die »Post« veröffentlichte.

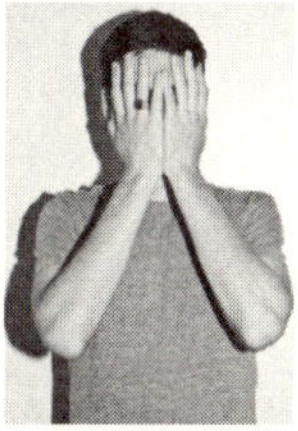

Ryan Holiday

Ryan Holiday schmiss mit 19 Jahren das College und wurde Werbestratege und Bestsellerautor. Er war viele Jahre Marketingleiter bei dem Textilunternehmen American Apparel und berät Weltklasseunternehmen wie Twitter, Youtube oder Google. Die Lebensweisheiten seiner Bestseller sind unter internationalen Sportikonen, Fernsehstars und Politikern längst Kult. Im FinanzBuch Verlag sind von ihm »Der tägliche Stoiker«, »Dein Ego ist dein Feind« und »Der tägliche Stoiker – Das Tagebuch« erschienen.

Der tägliche Stoiker

Ryan Holiday | Stephen Hanselman

Wie findet man das wahre Glück? Wie lässt sich Erfolg wirklich bemessen? Und wie geht man mit den Herausforderungen des Alltags wie Wut, Trauer und der Frage nach dem Sinn des Ganzen um? Was große Geister wie George Washington, Friedrich der Große, Weltklassesportler oder Top-Performer längst für sich entdeckt haben, liegt mit »Der tägliche Stoiker« erstmals gesammelt vor.
New York Times-Bestsellerautor Ryan Holiday und Stephen Hanselman haben das Wissen der Stoiker in 366 zeitlose Lektionen verpackt und zeigen, dass die Philosophie des Stoizismus nicht nur zeitlos, sondern gerade für unsere hektische und unsichere Zeit ein Segen ist. Die uralten Weisheiten der Stoiker, gesammelt und kommentiert, unterstützen bei den alltäglichen Herausforderungen.

432 Seiten | Hardcover mit Schutzumschlag | 24,99 € (D) | ISBN 978-3-95972-045-8

Der tägliche Stoiker – Das Tagebuch

Ryan Holiday | Stephen Hanselman

Mehr als 1000 Jahre lang war die Philosophie der Stoiker wie eine geheime Erfolgsformel für brillante Denker, einmalige Künstler und weise Anführer. Mit seinen Bestsellern »Dein Ego ist dein Feind« und »Der tägliche Stoiker« hat New York Times-Bestsellerautor Ryan Holiday die Weisheiten des Stoizismus von Seneca, Epiktet und Marcus Aurelius in die heutige Zeit gebracht. »Der tägliche Stoiker – Das Tagebuch« ist ein einmaliges Journal, das Platz bietet für 366 Gedanken je morgens und abends, verbunden mit praktischen Ratschlägen, wie sich die uralten Weisheiten der Stoiker in das eigene Leben integrieren lassen. Jeder, der in einer immer verrückteren und komplexeren Welt nach innerem Frieden, Klarheit und Gelassenheit sucht, dem wird das Tagebuch durch das Jahr helfen. Und durch den Rest des Lebens.

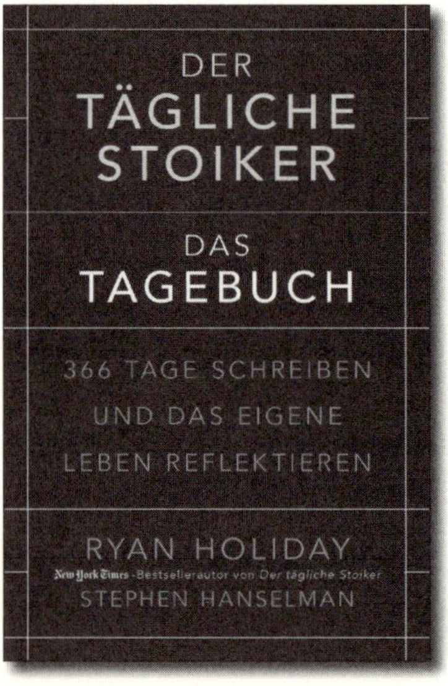

336 Seiten | Hardcover | 19,99 € (D) | ISBN 978-3-95972-094-6

Der ewige Bestseller

Ryan Holiday

Die Mona Lisa von Leonardo da Vinci, »Let It Be« von den Beatles, oder das iPhone von Apple. Werke und Produkte, die ihren Urhebern nicht nur unendlichen Ruhm und eine Menge Geld einbrachten, sondern bis heute überall auf der Welt bekannt sind. Doch wie schafft man in Zeiten, in denen das just gehypte Start-up schon nach wenigen Jahren pleitegeht oder Kinofilme nach gerade einmal einem Wochenende schon abgeschrieben werden, überhaupt etwas Bleibendes?
New York Times-Bestsellerautor Ryan Holiday hat akribisch die besten Tools, Taktiken und Routinen von erfolgreichen Musikern, Entrepreneuren und Filmemachern gesammelt und analysiert. Wie jeder das richtige Mindset erlangt, um sein Produkt – sei es Film, Buch oder eine Geschäftsidee – zum absoluten Verkaufshit machen kann, enthüllt Holiday in seinem neuen Bestseller.

304 Seiten | Hardcover | 19,99 € (D) | ISBN 978-3-95972-096-0

Der geheime Weg zu Freiheit und Erfolg

Napoleon Hill | Sharon Lechter

Ob Geld, Ruhm, Macht, Sicherheit oder Glück – jeder von uns hat persönliche Ziele. Und jeder hat diesen Teufel in sich, der sich in Gestalt von Angst, Wut oder Eifersucht zeigt und uns an der Verwirklichung des einen oder anderen Ziels hindert. Napoleon Hill dringt an die Wurzel des menschlichen Potenzials vor und zeigt Ihnen, wie Sie diesen Teufel besiegen und mithilfe Ihres Verstandes Ihre Träume verwirklichen können.
Ein Buch, das 1938 geschrieben und dann fast 80 Jahre verschollen war. Ein Buch, das seiner Zeit weit voraus war. Heute, in überarbeiteter und kommentierter Form von der Co-Autorin des Millionen-Bestsellers »Rich Dad Poor Dad«, ist es aktueller denn je. Auf einzigartige Weise zeigt Ihnen Napoleon Hill, wie Sie Ängste bezwingen, Hindernisse wirksam überwinden und in diesem Prozess nicht nur sich selbst, sondern auch Ihr Umfeld bereichern.

256 Seiten | Softcover | 16,99 € (D) | ISBN 978-3-95972-079-3